it is JAPAN

ZHI JAPAN. 11

【特集·犬】 ZHI JAPAN.11

Regulars

专栏

出版人 & 总编辑： 苏静

艺术指导： 马仕睿
资深主笔： 毛丹青
编辑顾问： 蒋丰，姚远，汤祯兆，健吾，剑心，王众一

编辑： 程茜，李洁曙，王亚婕，张新雨，徐绿，丁一可，周赟，张艺
特约记者： 姚远（东京），platinum（东京）

策划编辑： 王菲菲，李娟
责任编辑： 朱春艳
营销编辑： 邓丹

特集特邀设计： 橘子

Publisher & Chief Editor: Johnny Su

Art Director: Ma Shirui
Chief Writer: Mao Danqing
Editorial Consultant: Jiang Feng, Yao Yuan, Tong Chingsiu, KENGO, Kenshin, Wang Zhongyi

Editor: Cheng Qian, Li Jieshu, Wang Yajie , Xu Lv, Ding Yike, Zhou Yun , Zhang Yi
Special Correspondent: Yao Yuan (Tokyo), platinum (Tokyo)

Acquisitions Editor: Wang Feifei, Li Juan
Responsible Editor: Zhu Chunyan
PR Manager: Deng Dan

Special Graphic Design: Orangerie

图书在版编目（CIP）数据

知日・犬 / 苏静主编. -- 2 版. -- 北京：中信出版社, 2017.5
ISBN 978-7-5086-7488-9

Ⅰ. ①知… Ⅱ. ①苏… Ⅲ. ①犬—基本知识—日本
Ⅳ. ①S892.2

中国版本图书馆 CIP 数据核字 (2017) 第 085652 号

知日・犬

主　　编：苏静
出版发行：中信出版集团股份有限公司
（北京市朝阳区惠新东街甲 4 号富盛大厦 2 座　邮编　100029）
承 印 者：鸿博昊天科技有限公司

开　　本：787mm × 1092mm　1/16　　插　　页：12
印　　张：11　　字　　数：110 千字
版　　次：2017 年 5 月第 2 版　　印　　次：2017 年 5 月第 1 次印刷
广告经营许可证：京朝工商广字第 8087 号
书　　号：ISBN 978-7-5086-7488-9
定　　价：45.00 元

○ 关于犬的记忆

○ 去年年中，《知日》特集改版，首本改版的《知日·猫》特集卖得特好，所以差点儿就直接跟着出《知日·犬》特集了。后来，我们觉得应该矜持一下，至少隔几本，所以拖到现在，您就看到手上这本了。

○ 但愿喜欢犬的人和喜欢猫的人一样多喔。

○ 最近，我周围养秋田犬和柴犬的人越来越多，因为是较大型的犬种，很多朋友为此而搬到城郊。到现在，我也分不大清楚秋田犬、柴犬和中华田园犬（友人说就是我们自家的土犬）的长相，但总体来讲，我看着这几种犬，比较有东方意象，所以备感亲切。小时候我生活的小镇子，满街都是当地的土犬。那会儿都是看家护院居多，直接当宠物的少。

○ 小时候家里养过狗，都是属于半流浪性质的，每日给三顿剩饭剩菜，除此之外，必要的时候守在门口，没必要就满街满山地去野了。小镇的狗儿们还是比较幸福的，基本上不需要去势，冷不丁野合完了就一窝窝小狗崽子到处跑了，家里养母狗的，就得拿着小狗到处去送人。不过那会儿好像隔段时间就会闹个狗瘟，或者被腹黑的人集体下毒，通常这种情况之后，满街的土犬就会突然变得稀少。但过段时间降生的狗崽们又会弥补上来，这样周而复始，总体数量上也还算平衡。

○ 上高中之前，我家里大概养过四五只狗（高中之后就没再养过），准确地说，是我父亲养的（谁给喂食就算是谁养的）。关于这一点，狗儿们自己也特明白，比如我父亲很不喜欢一家人在吃饭的时候，自己家的狗在桌子下钻来钻去，他经常对着桌下的狗飞去一脚，我和我姐以及我娘就眼见自家的狗惨叫一声被踢到一边，我们仨看着就心疼。但到最后，我家这些狗儿们都记着谁给吃的，看得出来它们打心底对谁忠实。不过，我父亲和母亲也从来没断过它们的顿，即便出门，狗儿们的饭都是一定记得的，再忙也记着。

○ 我家养的这些狗，都是当地土犬，也是别人送的居多，花钱买过一两回。这些狗各种性格都有，独立的、黏人的、无节操的等等。最终善终的也不大多，不是没有好好照顾，它们经常自己出去斗殴，或者魂断公路，又或者被投毒之类。

○ 我在北京也待了十多年，现在也知道大城市养犬的感觉跟小村镇养犬是不一样的。最起码的一点就是：在大的城市里，狗儿们不是你想养就能养的。

○ 我至今也未能拥有自己的一条犬，写到这儿，还挺唏嘘的。

苏静

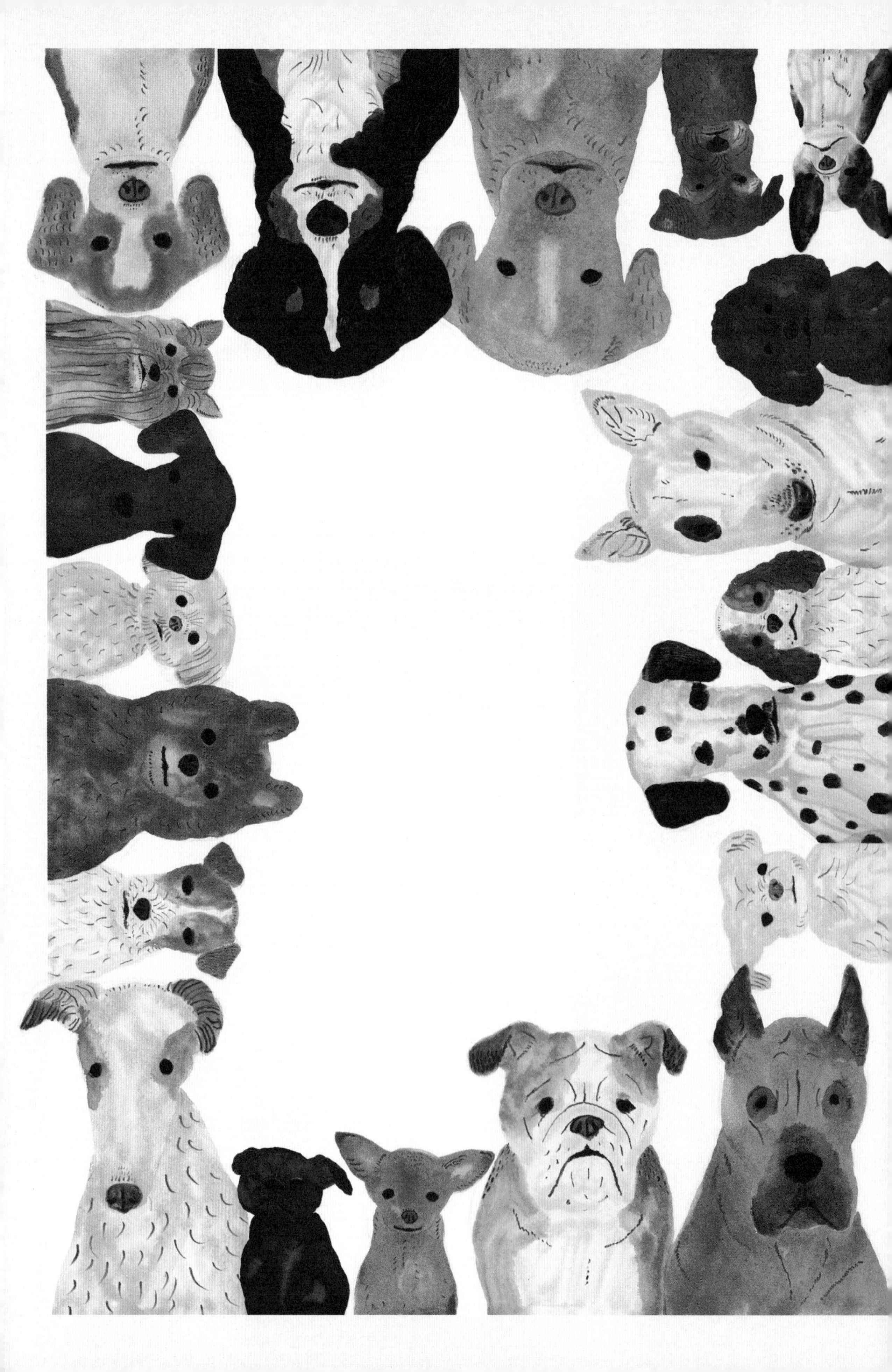

日本犬分布地图及注释

■越犬中的一种■　（福井县、石川县、富山县）曾在 1934 年 12 月 28 日被指定为日本国家天然纪念物之一，然而后来数量减少，其纯血种犬在 1971 年灭绝。

1　■北海道犬■　原产自日本北海道的日本犬种，又称为“爱努犬”或“道犬”。北海道犬与其他日本犬种一样，有专属的原产地域及传殖系统，由于它是北海道厚真町的特产犬种，因此亦被称为“厚真犬”。

2　■秋田犬■　江户时代，佐竹氏平定了出羽国北部的秋田地区。佐竹氏是关原之战后被常陆国转封的旁系诸侯。庆长年间（1630 年左右），为了培养藩士斗志养斗犬，人们将猎兽犬与秋田地区的土犬进行交配，从而产生了秋田犬的原种，不过当时被称为“大馆犬”。

3　■岩手犬■　（岩手县）虽然确认还有纯血种的个体存在，但犬种保存相当困难。

4　■仙台犬・越路犬■　（宫城县）纯种个体已经灭绝，而有继承其血统的和系犬现在仍在当地生存。

5　■十石犬■　（群马县、长野县）针对此犬种，正试图以回交育种方式再度繁殖。

■川上犬■　（长野县）为信州柴的一种，但是与被指定为国家天然纪念物的柴犬不同，而于 1983 年被指定为长野县的天然纪念物，此外，地方上自发性的保存活动仍继续进行着。

6　■柴犬■　在日文中意即“灌木丛狗”，属小型犬。柴犬是古老的日本犬种。亦有人认为古语的“柴”，是把信州的柴村作为起源的意思。

7　■美浓柴■　（岐阜县）也称美浓犬、飞驒柴、“岐阜小型犬”。

8　■甲斐犬■　狩猎犬的一种，原产于日本山梨县山区，由于山梨县的古国名称为“甲斐”，故由此命名。

9　■三河犬■　（爱知县）由于个体数相当少，已经濒临绝种。

10　■山阴柴■　（鸟取县、岛根县）也称石州柴、因幡犬，目前正致力于该犬种的固定化。

11　■纪州犬■　在纪伊国（今日本和歌山县到三重县熊野地区）的山岳地带，即纪伊山地周边，被用来协助狩猎野猪等工作的土狗品种固定后所培育出来的犬种，如今在近畿地方南部也有许多将纪州犬当作家犬的爱好者。

12　■四国犬■　是日本四国地区（主要是高知县）原产的中型犬品种，过去也称为土佐犬（日语：とさけん・とさいぬ），与有同样称呼的土佐斗犬是不同的品种。

13　■肥后狼犬■　（熊本县）当地的保存会仍然存在着，但苦恼于会员的普遍高龄化问题。

14　■屋久岛犬■　（鹿儿岛县）已经没有纯种个体存在，但混种的“屋久岛犬”还有贩卖。

■萨摩犬■　（鹿儿岛县）地方上的保存会现在仍致力于此犬种的保存和固定化。

15　■大东犬■　（冲绳县）虽然还有残存的纯种个体，但因为雄犬皆已年老，犬种的保存前景相当绝望，不过当地居民仍试着进行繁殖。

■琉球犬■　这种犬仍保有绳文时代以来的犬种特质，1995 年被指定为冲绳县的天然纪念物。

似乎已经灭绝的犬种还有津轻犬（青森县）、高安犬（山形县）、会津犬（福岛县）、越后柴（也称越后犬，新潟县）、秩父犬（埼玉县）、赤城犬（群马县）、前田犬（也称加贺犬，石川县）、阿波犬（德岛县）、椎叶犬（大分县、宫崎县）、山假屋犬（大分县、宫崎县）、绫地犬（大分县、宫崎县）、日向奥古新田犬（宫崎县）、日向犬（宫崎县）、甑山犬（鹿儿岛县）等等。而在这些犬种之中，有一些连借由让混种的和系犬回交育种来再育成、固定化的可能也没有。

日本六大名犬

秋田犬（AKITA INU）

- **产地**　江户时代出羽国北部的秋田地区
- **性格**　勇敢、深情、忠心、聪明、领地意识强、需要空间大
- **体重**　雄性　41~50 千克；雌性　38~48 千克
- **皮毛**　外披毛短硬浓密、内披毛密实柔软、有天然防水功能，不宜洗澡太频繁
- **颜色**　浅褐色、芝麻色、虎斑、纯白
- **每窝只数**　3~12 只，平均 7~8 只
- **寿命**　11~15 年
- **体征**　体态均衡，背部直挺，胸部及腰部肌肉结实，卷尾，脚趾间有蹼，善于游泳
- **名犬**　八公

纪州犬（KISHU INU）

- **产地**　纪伊国和歌县
- **性格**　猎犬，天性粗暴，非常具有攻击性，经驯养会变成很优秀的家犬；忠心，警戒心强；有很强的体力和耐力；被视为危险犬种（特定犬）
- **体重**　雄性　17~23 千克；雌性　15~18 千克
- **皮毛**　硬直的上毛与柔软密生的下毛
- **颜色**　白色、虎斑色、芝麻色
- **寿命**　11~15 年
- **体征**　鼻梁直接突出，三角耳与细长的三角眼（虹膜为褐色），尾巴像狼一般向前垂下；有相当结实的肌肉，头部稍大，四肢的肌肉特别发达，体质健康，遗传病很少

甲斐犬／甲斐虎（KAI KEN）

- **产地**　山梨县西部
- **性格**　典型猎犬、不惧怕野猪、熊等大型动物，对主人及家族成员非常顺从、忠诚，不轻易与外人接近，活泼好动，记忆力好，有冷静的头脑，仍保有某种程度的野性
- **体重**　11~23 千克
- **体高**　40~50 厘米
- **皮毛**　表面的毛质比较刚直，内有绵密的毛
- **颜色**　黑虎毛、中虎毛、赤虎毛；有独特的老虎斑纹
- **寿命**　11~15 年
- **体征**　竖耳成三角形微向前倾，比其他日本犬种耳朵大，齿牙强韧，额头宽且轮廓明显，腰背直挺，腰灵活有力，尾巴较长且粗，有卷状尾巴和长直状的尾巴两种，四肢发达，肌肉结实，有丰富的奔走能力以及跳跃能力

撰稿人

毛丹青

外号“阿毛”，中国国籍。北京大学毕业后进入中国社会科学院哲学所，1987年留日定居，做过鱼虾生意，当过商人，游历过许多国家。2000年弃商从文，中日文著书多部。现任神户国际大学教授，专攻日本文化论。

施小炜

毕业于复旦大学外文系日本语言文学专业，毕业后留校任教。后留学于日本早稻田大学大学院日本文学研究科，并执教于日本大学文理学部。译有村上春树的《当我谈跑步时我谈些什么》，以及川上弘美的《老师的提包》等多部作品，也是村上春树新作《1Q84》第一、二、三部的译者。

刘联恢

旅居日本多年，现为北京第二外国语大学汉语学院教师，专职教授外国留学生汉语和中国文化，每年为日本京都外国语大学等学校的暑期访华团做中国文化讲座。

金鱼屋

ACG 爱好者。有日版漫画收集癖。

受访人

秋元良平

1955年出生于岩手县。东京农业大学畜产学科专业，毕业后成为报社的签约摄影师，后来辞职成为独立摄影师。通过拍摄导盲犬可鲁的一生奠定了在业内的地位，后在东京成立秋元良平写真事务所。擅长自然、人物、料理、生物等领域的拍摄。代表作有《狗狗和我的十个约定》《老人与狗》《再见了，可鲁》《以为不会想你》《Gifted Child》《101颗眼睛》等。

藤代冥砂

摄影师、小说家，1967年出生于日本千叶县船桥市，毕业于明治大学商学部，做过著名摄影师五味彬的独立助手，1995年至1997年开始环游世界，2003年获讲谈社出版文化奖写真奖。擅长人像摄影，活跃于杂志和广告界，亲自动手拍摄的写真集多达70册。

林刚

日本艺术家，1936年生，1959年开始参展京都独立展，以画廊16为中心进行作品展示。其作品以文字看板的形式为主。

铃木衣津子

插画师，1981年出生于日本静冈县，现居东京。2002年进入设计事务所工作。2008年其作品入选第七届东京插画家协会公募活动，次年入选第十届 Illust Note“Note 展”。特别喜欢狗，创作也多以狗为题材。

HAL

摄影师，本名川口晴彦，东京人，主要以情侣为拍摄对象。主要作品有《Pinky & Killer》《Pinky & Killer DX》《Couple Jam》《Flesh Love》等，凭借《Flesh Love》获得美国圣迭戈国际摄影大赛一等奖。

联络 知日 ZHI JAPAN

订阅、发行、投稿、建议
zhi.japan@foxmail.com
微博
http://weibo.com/zhijp
豆瓣小站
http://site.douban.com/113806/
发行支持
中信出版集团股份有限公司
北京市朝阳区惠新东街甲4号
富盛大厦2座
100029

日本犬的起源

绳文犬、弥生犬
的传来路径

作为家畜的日本犬是随着移民来到日本的。移居日本的蒙古（黄色）人种被大体分为“南方系”和“北方系”。绳文时代以前，正值小冰河时期，日本列岛的岛屿是连在一起的，“南方系”通过连接的陆地开始向北移动，最终定居在了冲绳、北海道等地，在全国范围内创造了绳文文化。到了弥生、古坟时代，“北方系”经由朝鲜半岛大规模来到本州。而犬也跟随着人的脚步分布到了日本各地，这就是日本犬的起源。

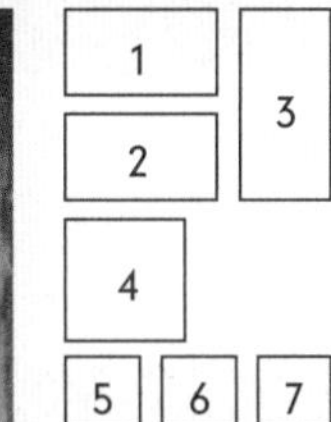

1 狆，摄于大正二年。狆，即狮子狗，奈良时期从中国引入日本并经过改良，是贵族的宠物。“黑船来航”时期，佩里将两只狆带回了英国，并将其中一只献给了维多利亚女王。

2 大正二年，饲主小柴大次郎与他的达尔马提亚犬。

3 大正二年，长谷川省吾与他的英国赛特猎犬。

4 昭和九年，第二届日本军用犬协会展览会上正在待命的犬。

5 秋田犬，摄于昭和十年。进入大正时期后，洋犬爆发性地增多，有压过日本犬的趋势。为复活日本犬，昭和三年成立了日本犬保存会，昭和六年又将秋田犬指定为天然纪念物。

6 昭和十一年，军用犬艺术摄影比赛一等奖作品《一声令下》，摄影者是蒲田月夫。

7 昭和十一年，军用犬艺术摄影比赛二等奖作品《卧倒！》，摄影者是安藤胜。

1 昭和十一年，日本艾尔谷㹴犬协会第十届展览会上，许斐重信与其犬的表演。
2 昭和初年，长崎牧场上的牧羊犬。
3 昭和十一年，犬和人们一起攀登富士山。
4 昭和十二年，伊豆的金山，拉着空矿车的犬。
5 大正二年的犬猫医院。
6 明治时代，协助人们务农的犬，江南信国（1859~1929年）拍摄。
7 图中犬形玩偶叫作“犬張子”，由于犬有顺产和成长快的寓意，因此被作为小孩的守护，按照日本传统风俗，男孩出生31天，女孩出生33天时需要到神社参拜当地守护神，被称作“宫参り”，这时家中亲属就会用麻绳把犬张子和拨浪鼓编起来作为送给小孩的礼物。
8 斗犬的照片。明治六年开始，斗犬被视为“扰乱治安的野蛮行为”，在行政上被逐渐取缔。
9 昭和八年的松竹电影公司出品的新派情节剧《晴云》，导演是野村芳亭，图为饰演女主角的栗岛纯子与俄国狼狗。
10 昭和九年，P. C. L.（照相化学研究所，Photo Chemical Laboratory，东宝电影公司前身）特别制作的有声电影《阿尔卑斯大将》，影片由吉川英治的小说改编，山本嘉次郎导演，忠犬八公在片中登场。影片表现的是从乡下来到东京的阳洋先生和於兔的故事，图为於兔被八公的忠心感动而给八公喂食的场面。

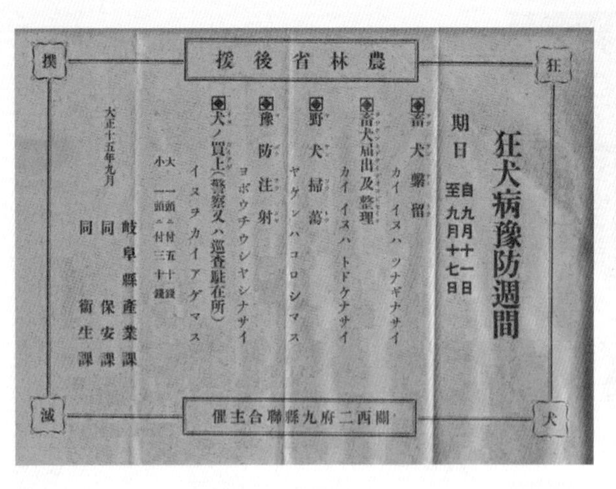

農林省後援
狂犬病豫防週間
期日 自九月十一日 至九月十七日
畜犬繋留
畜犬届出及整理
野犬掃蕩
豫防注射
犬ノ買上（警察又ハ巡査駐在所）
大一頭ニ付五十銭
小一頭ニ付三十銭
大正十五年九月
岐阜縣産業課
同保安課
同衛生課
關西二府九縣聯合主催
撲滅
狂犬

小鳥
犬

ナゴヤ・ケネル
名古屋畜犬飼育研究所

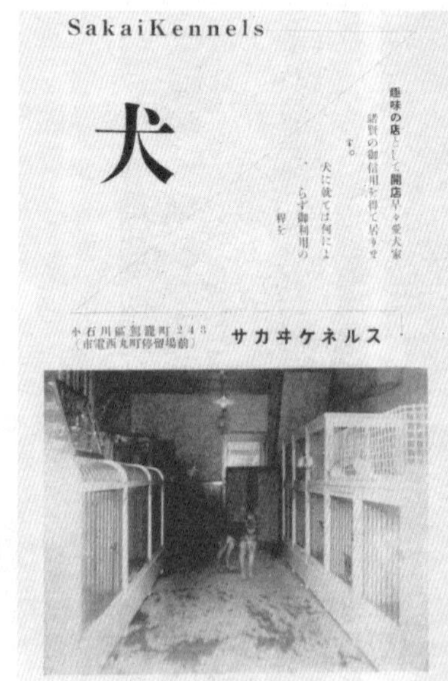

SakaiKennels
犬
趣味の店として開店早々愛犬家諸賢の御信用を得て居ります
犬に就ては何によらず御利用の程を
サカヰケネルス

名譽賞　チャンピオンリボン三十餘種獲得の名犬
DICKENS HOME (male) Date of whelping 1929.
MISS. SYDNEY (Bitch) 1930.
NEW SOUTH-WALES
National Coursing Association
BLACKTOWN D. A. SOCIETY
CHAMPION SHIP SHOW 1931
謹賀新年
春秋園

名實共に全國を風靡す……犬の賣買……絶對安全の専門店
犬の賣買には先づ弊社を
ドッグニュース
DOG SHOP
犬の心理と家庭訓練法
犬の蓄養と飼育法
日本畜犬合資會社

SPRATT'S
Meat Fibrine
Dog Foods
世界的に名聲の高い
英國スプラッツ會社製品
販賣店

ドイツ・ポインタア
優秀完備せるドイツポインター及びその仔犬多數飼育中に付御用命を乞ふ
カタローグ進呈
シエパード
ドイツ・ポインタア
シエパード
エヤデール
日本犬
ビーグル
豊富在舎
優秀なるシエパード犬の仔犬多數目下特賣中に付御用命を乞ふ
田丸獵犬訓練所

名訓練犬Waldoの直仔分譲

Gretel von Grunhugelhaus

グレツテル フオン グランヒユーゲルハウス（牝）

JSV種牡選定犬

ヴアルドー × グレツテル

四月二十九日 牡二頭 牝一頭 出産

其他 成犬 牝犬 一頭 全黒色

未成犬 牡犬 一頭 鼠灰色

幼犬 牡犬 一頭 全黒色

以上全部新血統犬

御希望の方に分譲す

日本シエパード犬研究所

管理 坂本正四郎

JSV規格

シエパード犬毛色圖鑑頒布

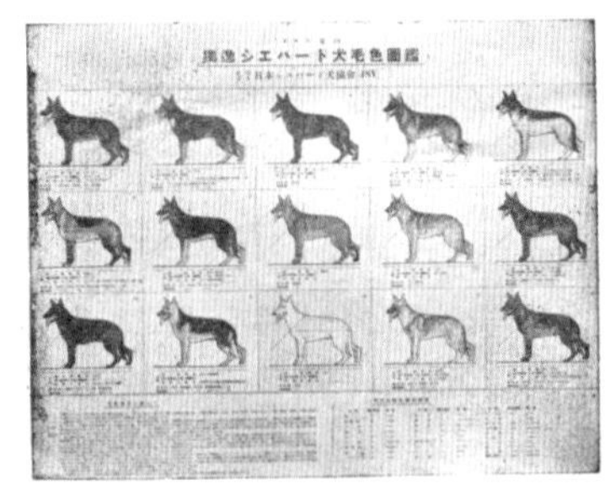

御申込みは JSV本部代理部へ

語物畫映・畫漫上紙

犬法魔のイパポ

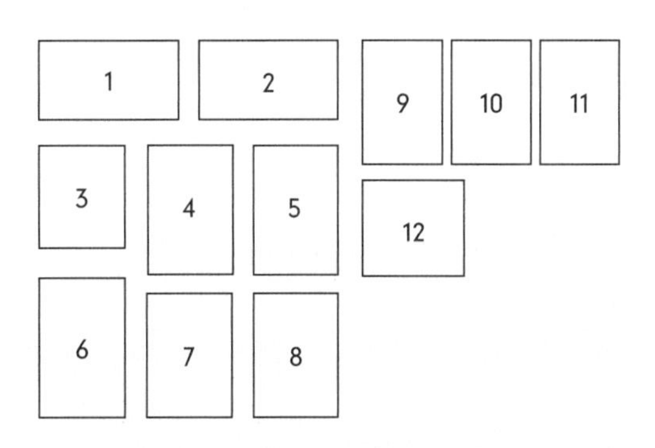

1 大正十五年，岐阜县狂犬病预防周期间颁布的行政条例。条例规定要拴好家犬，养犬要上报，野犬要杀掉，及时注射疫苗，犬的收购要交付派出所。
2 昭和九年的宠物店风貌。
3 昭和九年，名古屋犬类饲养研究所的宣传手册。
4 昭和九年，Sakai 宠物店的招贴。上面的宣传语是：本店以趣味为本经营，在爱犬人士中已有口皆碑。关于犬的一切，本店应有尽有。
5 昭和九年，成吉思汗料理店春秋园的广告，图中展示的是店里饲养的两只灵猩，它们是冠军秀上获得名誉奖的名犬。
6 昭和初年，东京某犬类专门店的广告，除了经营犬类买卖，还有犬类饲养专业书籍的送货上门服务，广告最上面的 3 张照片展示了女明星与她们在该店购买的爱犬的合照。
7 昭和十年，进口到日本的英国狗粮 SPRATT'S 的广告。
8 昭和十一年，田丸猎犬训练所招贴，他们对德国猎犬、狼狗、艾尔谷㹴、日本犬以及小猎兔犬进行训练，等待客人的预订。
9 昭和十五年，日本狼狗研究所犬崽分让广告，分让的是训练有素的名犬 Waldo 的犬崽。
10 昭和十五年，日本狼狗协会（JSV）颁布狼狗毛色图鉴时的文书。在胎崽登记、展览会观赏以及犬种选定等场合常会遇到不知如何准确表示犬的毛色的烦恼，颁布毛色图鉴的目的不仅是为了犬籍簿上表示方便，也是为了让爱犬人士使用正确的表示方法以免除不必要的麻烦。
11 昭和十五年，东京宠物店的招贴。表中明示了不同犬类的报价，可以看出最昂贵的是上等品种的俄国狼狗和叭喇狗，最便宜的是普通品种的本地㹴狗和各地柴犬。
12 昭和十五年，小川武的漫画《大力水手的魔法犬》。当时，大力水手的故事与米老鼠、金刚广为人知。这则漫画中，魔法犬能够飞檐走壁，十分灵活。

漫话东瀛犬

程茜 / text & editor

导言

现代科学研究表明，狗大约起源于一万五千年前的旧石器时代后期，在东北亚由早期人类从狼驯化而来，是人类最早驯化的动物之一。然后狗的足迹渐渐扩散到整个亚洲、欧洲、非洲乃至遍布全世界。狗从狼驯化而来，因而沿袭了许多狼的特性，在群居的时候也有明显的等级制度和群居关系，有强烈的领地意识、敏感、警觉，但是由于狗在跟人的相处中表现出强烈的忠心不二和勇敢护主的特质，长久以来深受人们的喜爱，成为人类最密切最可信赖的动物伴侣。在日本，狗的起源和发展历史是怎样的呢？在历史长河中，日本人又是怎样看待他们与狗的关系的呢？

绳文、弥生时代

在新石器时代遗址——神奈川县的夏岛贝冢里发现了大约9400~9500年前的狗的骨头，表明在绳文时代人们就已经和狗生活在一起。考古发掘的大约8000年前爱媛县美川村的上黑岩岩阴遗迹里的两只狗的骨骸，是日本“最古老的埋葬犬”。据考证，绳文犬不是从狼驯化而来，而是由移居到此的人一起带过来的。这个时期的狗多为小型犬，有着竖耳朵、卷尾巴的明显的日本土著犬的外貌特征。

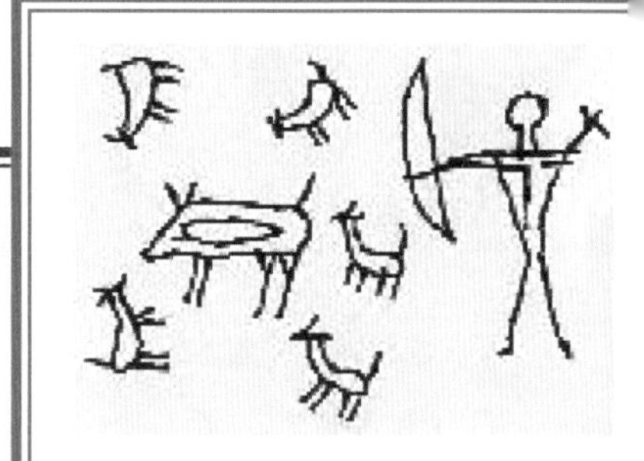

弥生时代铜铎上的《群狗狩猎图》

出土的弥生时代的铜铎上画有五只犬与开弓拉箭的主人一起狩猎野猪的情景，可见当时人们饲养狗的目的是为了狩猎和看家。有人认为，日语中“イヌ”的语源就是イエのヌヒ（家的奴婢），不难看出，古代人对狗在家中的功能定位是从属于主人、服务于主人的。从弥生时代以后的遗迹中狗被分解的遗骸可以看出，人们也食用狗肉，也拿狗肉当祭祀的供品。

古坟时代

古坟时代的大和朝廷设置了「犬饲部」，专门负责各地有组织地饲养狗。不过，当时养狗的主要目的不是为了狩猎，而是用来为朝廷、官府、仓库看家护院。在没有猫的年代，人们还指望着狗来抓老鼠。

当时的人们就认定狗有非同一般的灵性，常常用狗来避邪除妖。这种观念影响至深，现在漫步日本，可以在神社里看到狗（或者狼）和狐狸、鹿、猴子、鸽子一起作为神的使者被供奉起来。

大约公元6世纪后期，随着佛教在日本的传播，佛教提倡的「轮回思想」和「不杀生戒」的教规影响了统治阶层，从公元675年至811年，天皇下达了10次之多的命令，禁止百姓食用牛、马等家畜的肉，狗肉也在被禁止食用的行列之内，此后岛国上食用狗肉的现象大大减少。

在文学世界里，人们又怎样记载这种与人们的生活息息相关的动物呢？日本最古老的佛教说话集《日本灵异记》（日本最早的民间故事集。著者是日本奈良药师寺的僧人景戒，全称《日本国现报善恶灵异记》，简称《日本灵异记》，全3卷。成书于822年。著者讲解善恶因果报应之道理，辑录从雄略帝到嵯峨天皇近四个世纪之间的奇谈100余回，大体按年代顺序排列。著者在自序中说，因受佛教思想影响，解说世间善恶因果报应，劝恶向善）**中，有下面几则关于狗和狐狸的记载。**

灵犬识狐

钦明天皇（钦明天皇是第二十九代日本天皇，于公元 539 年 12 月 30 日至 571 年 5 月 24 日在位）时代，美浓国大野郡（岐阜县南部）有一位男子娶了个美女做老婆。某日，男子的老婆经过附近的磨坊，那家的狗对她狂吠不止，女人害怕不已变成狐狸逃走了。见到此番景象，男人才知道美女原来是狐狸精变的。

犬败狐妖

奈良兴福寺的禅师永兴在纪伊国熊野村的一个寺庙修行。某天寄住在寺庙里的病人被狐狸精附体了，神志不清地对众人说："不要再为我祈祷，我要死了。"话毕，病人不治身亡。一年后，永兴的弟子病倒了。恰巧有一个带着狗的人来到寺庙上香，狗突然发疯似的嚎叫，并且闯进了病人的房间，最终引出了附体的狐狸精，把它咬死了。

这些古老的故事中，狐狸是异世界的存在，这与中国文化中狐狸精的形象是相通的。而狗能够发现并战胜异类，沟通异世界和现世，看样子，人们对狗除魔驱妖的灵力深信不疑。

日本流传至今最早的正史《日本书纪》【原名《日本纪》，六国史之首。舍人亲王等人所撰，于公元 720 年（养老四年）完成。记述了神代至持统天皇时代的历史。全 30 卷，采用汉文编年体写成。一卷，如今已亡佚】中，对捕鸟部万的白犬有这么一段记述。

587 年，苏我马子（苏我氏是日本从古坟时代到飞鸟时代代代都出大臣的有力氏族。其中的苏我稻目、苏我马子、苏我入鹿等都在相当长时期里控制了日本的政局和天皇的废立）成功打败了物部守屋【物部氏，日本大和朝廷有权势的氏族。掌有军权，与大伴氏族一起世代担任大连（执政官）。在是否接受佛教问题上与主张接受佛教的苏我氏发生对立并开战，因战败而势力衰弱】。这时候，物部的家臣捕鸟部万正守卫着难波（今大阪市的古称，位于日本本州岛中西部，在日本飞鸟时代大化改新后一段时间曾作为日本国首都）的宅邸，听到物部守屋失败的消息，捕鸟部万携爱犬白犬躲到了深山老林中，苏我氏手下得知捕鸟部万逃走，率重兵包围了附近的山头，终于找到了捕鸟部万的行踪并射伤了他的膝盖。在十面埋伏之下，捕鸟部万拒不投降，英勇就义。

白犬看到主人的惨斗哀嚎不止，悲伤至极。而此时暴雨将至，令人意想不到的是，白犬出其不意地咬下了主人的头颅，趁着电闪雷鸣逃得不见踪影。当人们最终找寻到白犬的踪迹时，发现它已经倒在了自己刨出来的主人的"墓"之前——而这个"墓"中埋葬的正是捕鸟部万的头颅。

天皇听说这件奇闻，被深深打动了，他下令把捕鸟部万和白犬埋葬在一起，因此白犬和主人一起葬在了有真香邑（大阪府和田市附近），墓上刻着"捕鸟部万墓"和"万家犬塚"，人们数百年来对狗忠心护主的义举称赞不已。

平安时代

平安时代的女流诗人，被誉为「日本散文鼻祖」的清少纳言，在她的传世作品《枕草子》中记录了一段关于翁丸的故事。看过《知日·猫》的朋友恐怕对这个故事毫不陌生。这是讲一条天皇因为过于宠溺猫而冷落狗的故事，但是这个猫咪得意狗失意的故事还有后话。

话说一条天皇把自己的宠猫封为「命妇夫人」，还给它配备了一位人类奶妈。某日，猫久唤不至，奶妈就对宫里养的狗翁丸戏言「去教训它一下」。翁丸听从命令，上前抓咬小猫，不巧被天皇看见，天皇怒极，命令发配翁丸到「犬岛」（大约是在中州的某地），把奶妈也换掉了。

翁丸确实被流放到了犬岛，可是没过三两日，竟然神奇地返回宫中。侍卫发现翁丸逃回来，就鞭打它以示惩戒，直到翁丸不能动弹为止，然后把翁丸丢到了宫门外。当天傍晚，听说这件事的宫女们纷纷谈论着翁丸实在是太可怜了，这时，一只遍体鳞伤的狗喘息着艰难走过，大家呼唤翁丸的名字，可是狗一点儿反应都没有，于是大家认定翁丸已经死了。

第二天，皇后看到屋檐下蜷缩的狗忍不住触景生情，不禁叹道：「翁丸太可怜了，死的时候该有多痛苦啊！」此时，受伤的狗跪在皇后脚下，浑身颤抖，流下大颗大颗的眼泪。皇后格外震惊，忍不住上前仔细辨认。「原来你果真就是翁丸啊」，狗此时已经哀嚎不已，它的叫声惊动了天皇。此时的天皇也被它的神奇回归感动，终于回心转意，让翁丸「官复原职」。

这对爱狗的人来说真是一个宽慰的结局。从《枕草子》《源氏物语》之类的古籍记载来看，平安时代的宫廷女官喜欢猫胜过狗。在神道的影响下，「不洁」（穢れ）的观念深刻影响着那个时代人们生活的方方面面。人们忌讳狗的死亡（死穢）和生产（産穢）带来的不洁，要进行「净化」（祓え）的仪式来祛除。平安时代中期编纂的《延喜式》（律令实施的详细规则）事无巨细地规定了净化「不洁」的方法。但当时的贵族们更喜欢猫也有可能是因为猫是「进口」的、比较贵重的缘故吧。由此可见，「狗派」和「猫派」的人积怨已久也是有历史根源的。

《春日权现验记》（局部）

描绘平安时代贵族生活的绘卷，黑色的狗睡在贵族宅院竹林殿里。

中世武家社会

日本的中世（镰仓、室町时代）是武士的黄金时代，也是犬在日本备受磨难的时代。武士们为了建功立业，终日忙于提高武艺，常常用狗来练习骑射。他们把狗放入马场，骑在马上边追赶狗边练习射箭，并美其名曰“犬追物”。但是武士射出的箭上不装箭头，也是考虑到不让狗受致命伤。

镰仓时代末期的北条高时（1303~1333 年，是日本镰仓时代镰仓幕府第十四代执权，出身于北条家得宗家）执政时期，“斗犬”这项活动兴盛起来。各地素质优良的狗被送到镰仓，一时间甚至有上千只狗聚集在镰仓市中心的景象。人们用上好的肉把斗犬喂得饱饱的，给斗犬披上华丽的锦缎，大肆制造兴头，同时却肆意夺取狗的性命，毫不怜惜。

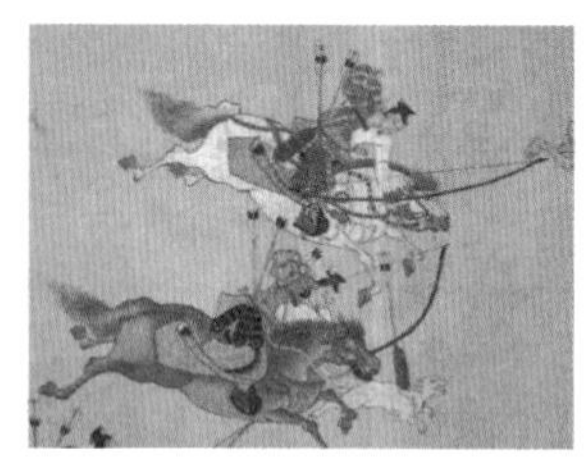

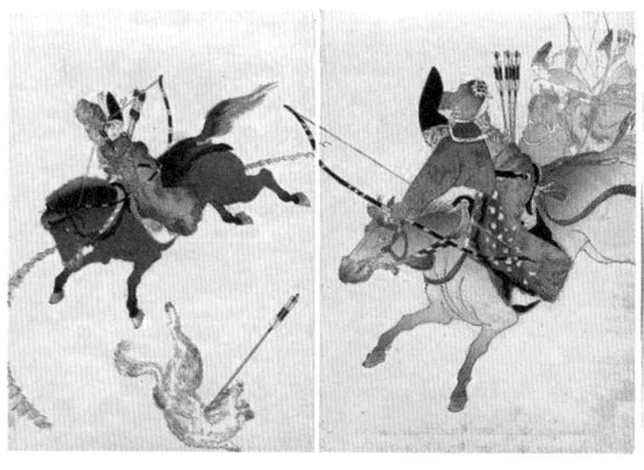

犬追物　镰仓时代开始兴起的一种练习弓术的方式。与“流镝马”“笠悬”并称为“骑射三物”。把狗放入特定的马场，在预定的时间内看哪个骑手射杀的狗的数量多。评判标准不光是看是否射中了狗，还要看射中的位置和方式，所以需要场内裁判。

反映这个时期的狗的故事有信州（属东山道，俗称信州、科野，现在的长野县）光前寺的早太郎的传说。

1312 年，信州驹之岳山中有一只狗在光前寺（在长野县驹之根市）内产下了五只小狗仔，母狗把其中的一只叼予主持就返回了山中。小狗在主持的精心照料下健康成长，因脚步飞快被唤作“早太郎”。当时远州府（静冈县磐田市）有一座见付天神社。当地有把小孩装在柜子里供奉给神社的风俗，据说如果不按时上供的话，妖怪会现身破坏庄稼，让辛苦劳作一年的人们颗粒无收，大家对此传言深信不疑。有位高僧听到这种残忍的事情，趁祭祀的时候躲在了神社不易发现的角落。夜间两个怪物现身，只听见其中一个问道：“今晚早太郎在吗？”另外一个回答：“早太郎不在。”然后，两个怪物抱起可怜的孩子，消失在了黑暗中。

高僧由此推断出怪物害怕叫“早太郎”的人，下定决心要找到早太郎。于是他走遍了信州各个地方，可是根本没有打听到任何关于早太郎的消息。正当高僧要放弃的时候，听说光前寺有一只叫“早太郎”的狗，他登门拜访，恳请主持让他把狗带到远州去，等待下一次祭祀的到来。

终于等到了祭祀的这一天，高僧把早太郎放到柜子里，供在了神社里。深夜再次降临，两个怪物现身的时候，早太郎突然蹿出柜子，一瞬间把惊慌失措的妖怪咬死了。仔细瞧时，那两个身形巨大长着獠牙的怪物居然是成精的老猿。当村民们赶到的时候，早太郎已经拖着受伤的身体朝着信州光前寺奔去了。早太郎看到住持的时候，只微弱地叫了一声，就倒在了住持的怀中。

故事发生的时代是镰仓时代的后期，当时有许多被称为“恶党”和“地头”的武士成为对抗地方寺院的势力。故事中把作恶多端的武士比作怪物，而降服恶猿的早太郎毫无疑问就是正义的化身。

江户时代

这个时代有一位著名的“狗派”人士，那就是第五代将军德川纲吉。纲吉在历史上的评价功过参半，但是流传下来的逸事趣闻却不胜枚举，跟狗相关的就是贞享四年（1687 年）颁布的《生类怜悯令》。据说纲吉受儒学之中的“孝”所影响，不但让母亲桂昌院（电视连续剧《大奥》中的阿玉）介入政治，更听信于母亲宠爱的怪僧隆光僧正。纲吉丧子沉痛，求嗣不得，隆光僧正进言：“人之乏嗣，皆前身多杀之报也。今欲求嗣，莫若禁杀生也。且将军生岁在戌，戌属狗，最宜爱狗。”纲吉就颁布了这一道法令，相当于现在的《动物保护法》。法律对狗特别优待，规定人不得踢狗，不能驱赶狗，遇见狗争执要“调停”，狗互相打架受伤，附近的百姓要承担医疗费用，不许遗弃狗，给狗建收容所等等。更有甚者，让百姓俯首跪拜坐在轿子里的狗，并尊称狗为“犬样”。这个法令虽然改变了战国时代滥杀狗的陋习，但是未免矫枉过正。百姓们因此苦不堪言，把纲吉和他身边的近臣唤作“三条狗”，给他取的诨号就是“犬公方”。好在这种风气仅仅在江户地区存在，没有殃及地方，但是在这个政策的保护下，江户城中到处都是野狗流窜，建成的收容所里，一时间有 10 万多只野狗，给百姓带来多大的困扰和负担可以想见。

值得一提的是，战国时代开始有葡萄牙的船来到日本，随着“南蛮贸易”的日渐兴起，洋犬，包括唐犬也跟着进口到了日本。将军和大名开始饲养英獒、英国短毛猎犬、猎兔犬、猎狐犬、斗牛犬、大丹犬等犬种，尤其喜欢大型的适于狩猎的犬种。

与这些洋犬不同的一种叫“狆”（汉语音同“仲”）的狮子狗深得人们欢心，被人们精心饲养在室内。“狆”的名字来源就是“小巧的狗”，“狆”是和制汉字，“中”字并不是指“来自中国”，而是指在屋内饲养（在日本人的一般观念中，狗是在屋外饲养的，而猫是在室内饲养的）、大小介于猫和狗之间的意思。“狆”是奈良时代由中国传入日本的、经过改良到江户中期定型的品种。因被饲养在室内，毛色黑白相间，毛量丰厚，给人以高贵的印象，以致身价倍增。江户那些一掷千金的富商和吉原的妓女们都爱买这种犬作为宠物。

“犬公方”德川纲吉

喜多川歌麿《美人五面相》系列中的抱着狆的微笑的女人

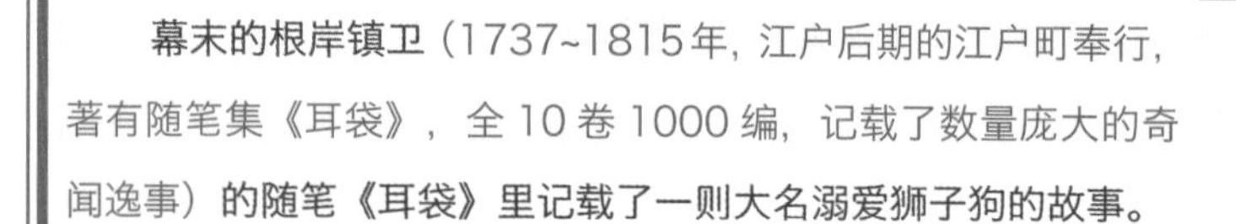

幕末的根岸镇卫（1737~1815年，江户后期的江户町奉行，著有随笔集《耳袋》，全 10 卷 1000 编，记载了数量庞大的奇闻逸事）的随笔《耳袋》里记载了一则大名溺爱狮子狗的故事。

姬路藩主酒井忠以（1756~1790 年，江户时代播磨姬路藩第二代藩主，也是知名的茶道家），对自己的狮子狗爱不释手，参勤交代的时候也带上它。某次幕府命令他去京都办公事，他想，因为是重要的事情，这一次不能带上狮子狗了。但是临行前，这只聪明的狗似乎觉察到了主人的打算，死活不从主人的轿子上下来，随从们用尽一切手段，狗不为所动，不得已带它到了品川地带的驿站。本来酒井忠以想到这儿就带狮子狗回去，可是再次引诱返回未果，终于把狗带到了京都。

天皇听了这件事，心中颇有触动：“身为牲畜，却能时刻不忘循着主人的踪迹，真是件美事啊。”遂封这个狮子狗为六位官阶（贵族的身份）。

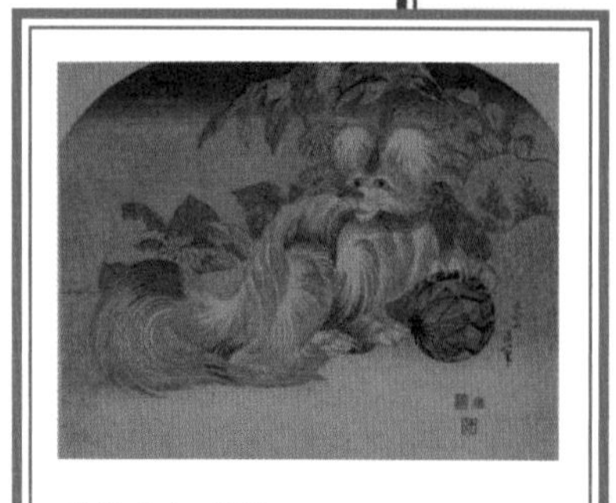

葛饰北斋《狆》

狆是受到上流社会女性喜爱的宠物

明治、大正、昭和时代

以明治维新带来的「全盘西化」为契机，日本国内引进了大量的西洋犬种。崇尚西方的心理使人们不断拿西方犬与日本犬交配，试图改良本国的犬种。而这种行为产生的直接恶果就是到了大正时代末期，在城市已经几乎找不到纯种日本犬的踪影，就连人迹罕至的深山野林里的猎犬也混入了洋犬的血统。为了培养出更加强壮、大型的军用犬，不断拿秋田犬与洋犬交配，美系秋田犬的源头也可以追溯到这里。

人们渐渐意识到了这种做法的潜在危害，昭和三年（1928年），政府组织成立了日本犬保存会，为保存日本犬的血统展开了一系列的工作。该协会相继指定了秋田犬、甲斐犬、纪州犬、柴犬、四国犬、北海道犬为「天然纪念物」，这些犬种成为著名的六大日本犬。在日本犬保存会的带领下，各种犬的保护团体一起制定了《日本犬标准》，由此，日本犬的概念也渐渐深入人心。

然而这种保护、固化日本纯种犬的活动进展没多久，第二次世界大战就爆发了。由于战中粮食不足，狗成为战争的牺牲品，狗皮用来做军衣，狗肉被食用，一时间，日本狗几乎在日本境内消失了踪迹。

战后，保存日本犬的运动再次兴起，人们把逃入深山老林中的狗营救出来再次精心培育，使日本犬渐渐走出了濒临灭绝的困境。

结语

随着现代社会环境的急剧变化，人们的居住空间变得越来越狭小，人们对狗的需求和感情也相应发生了改变。20世纪70年代后期，日本居住在公寓等集合住宅的人数增多，小型犬成为家庭饲养犬的主流选择。人们也不再像以前一样需要用狗来打猎、看家，而是把狗作为家庭成员来看待。人们有了狗的陪伴，不仅可以缓解压力、防止身体疾病，而且能缓和孤独情绪、增进信任感、治疗心理疾病，狗已然是忙碌、高压的现代人生活中重要的伴侣。即便不是“狗派”人，也请善待身边的每一只狗吧！

忠犬八公资料室

永不缺席的守候

丁一可 / text
知日资料室 / picture
忠犬八公博物馆 / cooperation

八公生前的照片

八公可以说是日本犬的代表，也是日本犬的传奇。

1987 年由它的故事改编的电影《忠犬八公物语》被搬上荧幕，在日本引起了轰动。2009 年，美国又在此基础上翻拍了一部英文版《忠犬八公的故事》，使得“忠犬八公”的名号在海外广为流传。

八公是上野英三郎博士的爱犬，它喜欢烤鸡肉，不喜欢烟火、打雷和枪的声音，也不喜欢打架，最喜欢的人是上野先生和上野夫人。

在与上野博士一起生活的日子里，它每天到涩谷车站接送博士，风雨无阻。博士去世后，依然每天按时到车站等候。后来，日本犬保存会的齐藤弘吉氏发现了八公，并把八公的事迹发表到报刊上。从此，八公的故事流传开来，受到人们的热烈追捧，被称为“忠犬八公”。

今天，八公也依然是涩谷的偶像，作为秋田犬的代表，人气居高不下。

八公铜像建设纪念明信片
忠犬八公博物馆管理人藏

八公生平

大正十二年（1923 年）

11 月，出生于秋田县大馆市秋田郡二井田村大子内富农齐藤义一家，父母均为齐藤家饲养的秋田犬，父亲名叫大子内山，母亲名叫胡麻。

大正十三年（1924 年）

1 月 14 日，根据约定送往东京的上野英三郎博士（东京帝国大学农学科教授）家，1 月 15 日到达，由上野家的花匠小林菊三郎氏接收。
刚开始的 6 个月体弱多病，2 月和 6 月时病情恶化。梅雨结束时恢复，能够往返车站接送博士。

大正十四年（1925 年）

5 月 21 日，上野博士授课中突发脑出血辞世。由于上野八重子夫人为姘居，依据法律不得不搬离住所。八公被寄存于夫人在日本桥做布匹生意的亲戚家。因为在店内乱跑，7 月中旬又转托给夫人在浅草的亲戚高桥家。
大部分人认为八公在浅草滞留两年，但根据小林友吉氏（小林菊三郎之弟）的证言，其时间不满半个月。另外，“八公逃回了上野家”的说法，也被友吉氏否定。（收录于《八公文献集》）

昭和元年（1926 年）前后

上野遗孀的新宅在世田谷完成，八公从寄宿处回到上野家，又因为种种原因让渡给了上野家的花匠小林家。之后，八公开始在涩谷散步。

昭和三年（1928 年）

7 月，日本犬保存会的创立者齐藤弘吉氏在寻找日本犬时发现八公。8 月，八公被登入第一本日本犬户籍。

昭和四年（1929 年）

春季，八公的皮肤病恶化，生命垂危，在小林家的照顾下奇迹般恢复。病后由于身体衰弱，以前受伤的耳朵下垂。

昭和六年（1931 年）

7 月 17 日，秋田犬被认定为第一个天然纪念物。

昭和七年（1932 年）

9 月，齐藤弘吉氏将八公的事迹在日本犬保存会会刊上发表，并向《朝日新闻》投稿。10 月 4 日，东京《朝日新闻》刊登了八公的报道。因为此篇报道，到车站看望八公的人蜂拥而至。
11 月 6 日，日本犬保存会主办的第一届日本犬展览会在银座松屋屋顶举行，八公被邀请至会场。

昭和八年（1933 年）

6 月前后，雕刻家安藤照氏（帝国雕刻部审查员）向齐藤弘吉氏提出以八公为模特的邀请。八公开始在小林的陪同下往返安藤氏的工作室。
8 月末，雕刻原型大致完成。
10 月，安藤照氏制作的八公等比石膏像在上野第十四届帝展（16 日至 11 月 20 日）展出，受到很高的评价。
11 月 3 日，在日本犬保存会主办的第二届日本犬展览会（在上野公园前的广场举办）上，八公作为来宾被邀请（第二次参加），备受观展者欢迎。
11 日，八公被推荐为东京斑点俱乐部名誉会员，获得会员奖。
17 日，随着八公的人气升高，涩谷站认为有必要进行身份保护，做了八公的身世调查。经过涩谷警方的调查，确定八公的主人为在富谷的花匠小林菊。
30 日，涩谷站站长吉川忠一氏和八公的负责人佐藤氏两人访问了上野家。

国立教科书插画里的八公，石井柏亭作。

八公生平（续）

昭和九年（1934 年）

1 月 1 日，印有八公像的邮票开始在涩谷站使用。9 日，吉川站站长提出铜像设计计划的具体方案。

2 月 6 日，八公突然病重，探病的访客接踵而至。19 日《大和新闻》刊登了详细的报道。报道中记述，两日前开始有所好转。

2 月 13 日至 3 月 10 日，八公演出会（八公之夜）的相关人员忙于大会的准备。

3 月 10 日，“八公之夜”（捐款募集演出会）在明治神宫外苑青年馆开办，出现了 3000 人集于一场的盛况。

15 日，当时的皇太后陛下听闻八公的事迹，派臣下前往转达慰问之意。

4 月 21 日，涩谷站前的八公铜像揭幕式盛大举行。

9 月，八公出席在上野公园举办的第三届日本犬展览会（第三次参加）。

12 月，八公特别出演了吉川英治原作的电影《阿尔卑斯大将》（编者译），实现了荧幕初登场。

涩谷站初代八公像

昭和十年（1935 年）

3 月 8 日，上午 6 点多，八公去世。死因为衰老及肝脏病。相关者通宵打理。

9 日、10 日，到铜像前烧香的人络绎不绝。

12 日，在青山墓地举行了八公的葬礼。同一天，于大馆町莲荘寺举行追悼会。

6 月 15 日，在上野科学博物馆二层举行了八公遗体剥制的开光仪式。

7 月 8 日，大馆举行八公像揭幕式。

昭和十年
文部省儿童用寻常小学修身书插图

昭和十二年（1937 年）

3 月 8 日，八公三周年忌的法事举行。

昭和十九年（1944 年）

10 月 12 日，由于政府进行铜像回收，举办八公铜像告别式。大馆站前的铜像也随后供出。

昭和二十年（1945 年）

5 月 25 日，八公像作者安藤照氏在大空袭中遇难。八公像原型在疏散途中于东京站烧毁。八公骨骼标本也同齐藤弘吉氏研究室一并在战火中消失。

终战前，供出的八公像在滨松的工厂里被熔解。

昭和二十三年（1948 年）

8 月 15 日，涩谷站前八公像重建。

昭和五十九年（1984 年）

4 月 8 日，八公像建立五十周年的八公纪念日，在东京大学农学部农业工学部的学生们的筹划下，同学科的上野英三郎博士胸像和八公像，通过铜这种介质，穿越时空的藩篱再度相会。

昭和六十二年（1987 年）

11 月 14 日，大馆站前八公像重建。

平成十六年（2004 年）

10 月 10 日，秋田犬保存会本部前建立“望乡的八公像”。

现在涩谷站前
的八公铜像

八公拾遗——关于八公的诸说及传言

【八公是秋田犬】

八公是纯种的秋田犬，这一点有许多证言，也得到日本犬研究家齐藤弘吉氏和当时秋田犬爱好者们的证实，是不可撼摇的事实。但是在八公生前就有人指出，八公的一只耳朵下垂，铜像的尾巴不卷曲，八公应该是秋田犬的杂种。

八公的耳朵下垂，是因为在跟别的狗打架时被咬伤，完全是后天造成。而关于尾巴，齐藤弘吉氏有记录说，八公坐着的时候会耷拉着尾巴，因此，铜像的尾巴不卷曲不能说明八公是混血。况且现在的饲养者们也常说，秋田犬随着年老体衰，容易有尾巴下垂的现象。实际上，八公在小时候的照片里尾巴是卷曲的。

【关于八公铜像】

现在的八公铜像为第二代，初代铜像建于八公生前的昭和九年，作者为雕刻家安藤照氏。现在涩谷站前的八公像，是战后在涩谷界隈群众的呼声下重建的，制作者为安藤照氏的儿子安藤士氏。

关于铜像熔解的原委，当时接到通知的齐藤弘吉氏万分愤慨，认为这是安藤氏的杰出作品，与交通公社进行阻止熔解的交涉，甚至提出由自己上交等量的铜。商谈的结果是，铜像熔解在名义上撤回，但考虑到名声问题要暂时移至别处保管。

可是到了战后，再调查铜像的去处，发现终战前已在滨松市的工厂里被熔解了。

【八公忠犬否定说】

有美谈就有负面言论，其中之一就是军国主义利用说。不少人说八公受到军国主义的利用，被奉为忠犬。的确不能完全排除这种可能性，但其中到底是否有军部介入，还不能妄加断言。

八公登上新闻的昭和七年，正好是满洲事变发生的第二年，有人认为军部作为国策散布了“忠犬”的美谈。但是新闻刊登的八公故事由齐藤弘吉氏投稿，齐藤氏是日本犬保存会的创办人，与军部并无关联，这一点毋庸置疑。且昭和六年，秋田犬被认定为天然纪念物，不管怎么看，这方面的关联性都远胜于满洲事变。

再者，八公的铜像是为了对抗利用八公人气进行欺诈的行为而加急制作出来的。制作费用也由慈善募捐得来，看不出任何军部背后操作的端倪。

“忠犬”的名号确实含有军国主义思想，但“忠”与“孝”和“义”同为自古流传的日本道德思想，仅凭文字判断为军国主义实欠考究。

【八公之歌】

八公的故事被编进歌曲，还录制了唱片，这是有名的佳话。但关于歌曲的实情，还有很多疑点。

《八公的歌》不是一首歌，是指关于八公的歌。《八公的歌》实际上非一人所作。近年发现的《八公之歌》乐谱，以及新闻中所报道的作词者都是小野进。但当时录制进唱片的歌曲并不是这一首，而是佐藤八郎作词的《八公之歌》。（根据齐藤弘吉的记述）

【八公名字的由来】

在“八”后面加上“公”字的称呼源自新闻报道，八公在上野家时的名字就是小八。另一说法是，上野的学生在小八的名字后加上“公”字来称呼。

关于“八”字的由来众说纷纭，有说是因为坐下时腿呈“八”字形张开，有说出生时是第八只小狗，但这些说法都无从考证。根据上野先生的学生岸一敏所著《忠犬八公物语》，“八”是上野夫人所起的爱称。

【汉诗《忠狗行》（节选）】

（前农林大臣）山本悌二郎 作

有狗干大似虎儿，
名曰八公人皆知。
狗也送迎车站前，
狗哀宛如丧慈父。
来就车站不复去，
翘首犹待主人旧。
宁知狗心难可移，
手抚其头中恻悱。
忍言忠义却在狗，
我歌诵罢泪如雹。

忠犬八公博物馆：

http://www.da-chan.com/friend/hachikou/

又见可鲁

专访秋元良平

程茜 / text & interview
秋元良平 / photo

■又见可鲁

可鲁出生后 30 多天的样子，在沙发下打盹儿的可鲁睁开眼睛凝视镜头，或许是因为在黑暗的地方比较有安全感。

有一只叫作可鲁（小 Q）的导盲犬感动了我们整整 10 年，这样说一点都不过分。中国的很多读者或观众都是通过导盲犬可鲁的一生来了解到有那么一种狗狗，像眼睛一样珍贵，像天使般纯洁可爱。我们喜欢它不仅仅因为它直接服务于人类的特殊的“职业”，而是它用一生的努力诠释了执着、坦率、忠诚、付出、友爱……这些美好的品质。看到它纯洁的眸子，就像看到黑暗中一束明亮的光线，不刺眼却给人温暖和方向。

有人说，人类在狗的眼中就是上帝；也有人说，狗的英语“dog”是“god”的拼写颠倒过来。不管人类和狗谁是谁的上帝，借用米兰・昆德拉的说法：“在美丽的黄昏，和狗儿并肩坐在河边，有如重回伊甸园。即使什么事都不做也不觉得无聊——只有幸福和平和。”

1986 年 6 月 25 日到 1998 年 7 月 20 日，是可鲁人间户口本上的生平年月。从出生起，身上带有的海鸥形的胎记似乎就预示了它不平凡的一生。在养父母仁井夫妇家度过无忧无虑的童年，在培训中心跟随多和田先生刻苦训练，与渡边先生日夜相伴履行职责，渡边先生去世后成为面向公众的示范犬，再回到养父母身边安度晚年……短暂却又精彩的一生。

转眼间，可鲁离开人世将近 15 年了，人们没有忘记它，反而越发地怀念。我们应该感谢给予可鲁满满的爱的教养父母们，感谢因关注可鲁继而关心导盲犬事业的人们，也感谢用摄像机或笔墨把可鲁的故事分享给我们的人们。

这次“知日”有幸得到了拍摄可鲁一生的著名摄影师秋元良平先生的授权，想再次通过珍贵的黑白相片把可鲁的一生浓缩在短短的篇幅之间。希望可鲁在天堂也能跟渡边先生相见，继续履行他们之间的约定；也希望人间有更多的可鲁继续带给我们帮助和抚慰；希望大家再次得到满满的感动、满满的幸福……

秋元良平

1955 年出生于岩手县。
东京农业大学畜产学科专业，毕业后成为报社的签约摄影师，后来辞职成为独立摄影师。通过拍摄导盲犬可鲁的一生奠定了在业内的地位，后在东京成立秋元良平写真事务所。擅长自然、人物、料理、生物等领域的拍摄。代表作有《狗狗和我的十个约定》《老人与狗》《再见了，可鲁》《以为不会想你》《Gifted Child》《101 颗眼睛》等。

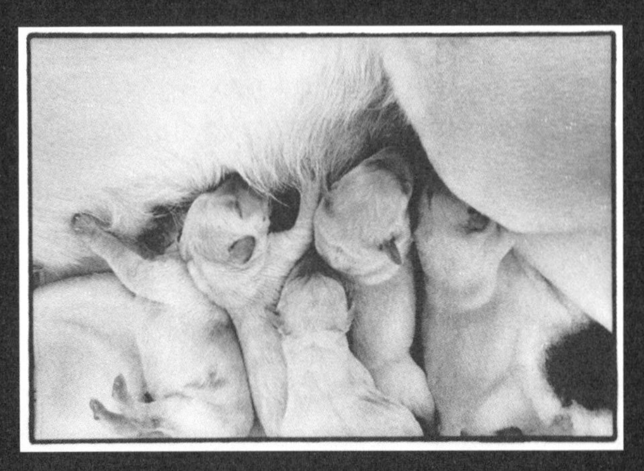

■认出哪一个是我了么？

出生后一周喂奶的样子。最左边的是可鲁，可以看到左边腹部的一块胎记，像张开翅膀的海鸥。当时可鲁被称为“乔娜”，源于当时一部畅销的小说《海鸥乔娜》，还没成为导盲犬的候选。

■再让我多睡一会吧

吃饱了满足睡去的狗宝宝们。

1 听说秋元先生是农业大学的毕业生，是什么契机使您选择了摄影呢？

我大学时代选择的确实是畜牧科，具体来说，是以繁殖学的人工受精为专业。在上学期间，我产生了要把动物的形态用照片记录下来的想法。后来，这种愿望越来越强烈，于是，大学毕业后工作一年我攒够了学费到专门学习摄影的夜校进修。很庆幸的是，我找到了报社的签约摄影师的工作，大约有两年的时间，白天工作，晚间学摄影。后来，我搬到了能充分拍摄大自然的乡下，但是为生活所迫，不得不返回东京。当时正好有熟人介绍我为报社拍摄人物、料理等题材的照片，便以此维持生计。

到 30 岁的时候，住在附近的邻居叫我去帮着给家养的母狗接生，我就边帮着接生边拿相机把过程拍了下来。没想到其中的一只小狗崽——也就是后来的可鲁，被主人当作礼物送给关西导盲犬协会（京都），于是他们建议我继续给小狗拍照，直到它成为导盲犬。要知道，从东京到京都取材要花费大量的人力、物力，当时我也犹豫不决。但是确实相信“命运的相遇”，我决定边工作边拍这只跟我有缘分的狗，想把拍摄这只狗当作毕生的事业来做。后来我才知道，即便是有资质的狗，最终成为合格导盲犬的概率也只有 30%~40%，这个比率不是很高。如果一开始就知道这个概率，或许根本不会坚持下来。

于是，我开始拍摄成为导盲犬之前的可鲁，那真是一段幸福的日子。直到可鲁 3 岁多到渡边先生身边生活，当时开始挑选素材策划影展、出版影集。本以为拍摄可鲁的工作即将结束了，但心中对可鲁的牵挂促使我每次到京都工作的时候都要顺道去拍它的生活，也就是那个时候萌发了要拍摄“可鲁的一生”的想法。有了明确目标后，我开始频繁接触与可鲁相关的人们，边记录故事边拍摄可鲁。

可鲁退休后重新回到了仁井夫妇家生活，不久就病倒了。了解到这一情况后，我向仁井先生表达了要用相机记录可鲁最后的时光的愿望。仁井先生某日打来电话对我说：“如果您拍到可鲁的弥留之际的照片，就能为它完成一本书了……”我为可鲁拍摄了它去世前 3 天的照片，之后可鲁就开始了它的天堂之旅了吧。我现在也能感觉到，可鲁在云上正用他的纯洁的眸子望着我们……

■有妈的孩子像块宝

可鲁到养父母家的第一天。仁井夫人正要抱住努力爬进屋里的可鲁，可以感受到可鲁身体的柔软和温暖。

■我想家!

到训练中心的第一天，因为环境改变，不适应的可鲁不知所措地趴在地上。不过第二天它就活力十足地开始了训练。

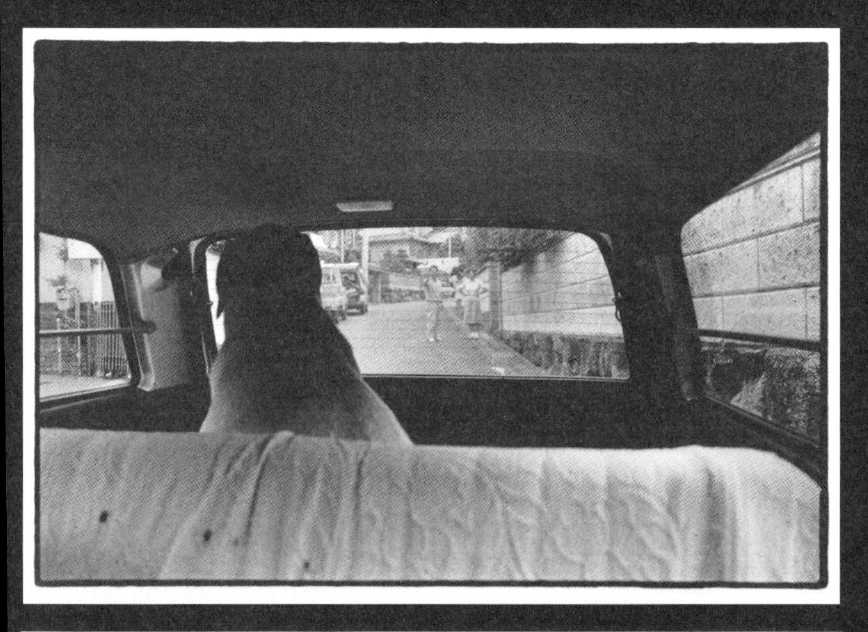

■再让我陪你们散一次步吧！

散步中的小憩，可鲁露出了满足的微笑。

Q2 可鲁对您来说是怎样的存在？

在我成为自由摄影师之初，要用黑白胶卷记录可鲁的生活，我用心学习了冲洗胶卷、翻印照片、摄影的技巧等。当然不只这些技术，最重要的还是“摄影的表现”。无论是谁，拿到相机按下快门就能成像，有区别的是“要向别人传达什么”的心意。可鲁教给我许多东西，某种意义上，它不仅是我的“朋友”，更是我的“老师”。

■球是我的！

追球训练。训练师投出球去，所有的狗都一溜烟地追着球满场地跑。

■训练完毕一身轻松

一天的训练完成后，可鲁露出安逸的表情。

■让我成为你的眼睛吧！

与训练师一起在马路上的行走训练。可鲁正努力避免撞上在车站等车的人们。

■右边，慢点！

与训练师一起练习领人上台阶。

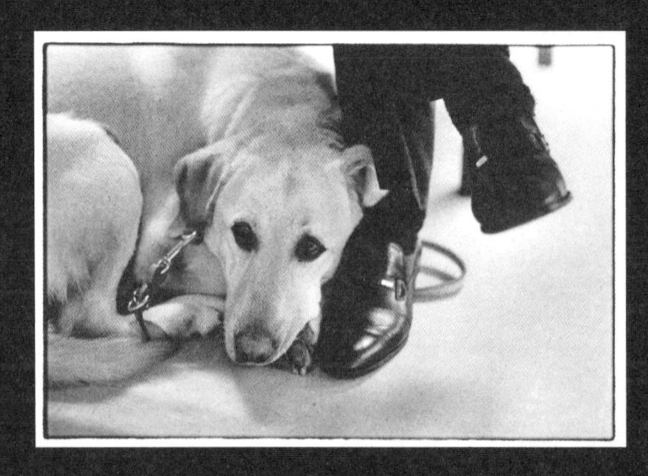

Q3 秋元先生对拍摄动物有什么建议？

狗是感情相当丰富的动物，与人类一样，高兴的时候会露出笑脸，悲伤、恐惧的时候会流露出寂寞的表情。可鲁病重倒下的时候，芳达（仁井夫妇养的另外一只金毛）成为仁井夫妇的心灵支撑，这能从芳达的表情感觉到。虽然没有语言，但是心灵相通。也或许是因为没有语言，才会产生“羁绊”和“信赖”的深沉感情。

我给狗拍照之前，会先跟狗打招呼。把手握起来用手背轻轻接近狗的鼻子，这样的话狗就能熟悉我的气味。等狗熟悉我之后，边和它聊天边捕捉它的表情。

千万不要摸初次见面的狗的脑袋。人类被不熟悉的人突然摸了脑袋也是非常不高兴的。

要把焦点对到狗的眼睛上。狗的眼睛里会映出自己的头像。确认这一点，然后再按快门，或许能拍出精彩的照片来。

■路再长一点吧

雨雾中，可鲁与渡边先生最后一次散步。

■回到童年喽

可鲁在 10 岁左右退休，回到了仁井夫妇家中安度晚年。

■这样就足够了

可鲁 12 岁时病重的样子。为了防止它长褥疮和呼吸不畅，仁井夫妇每隔两个钟头就要给可鲁翻身。一旁是可鲁的伙伴芳达。

对读者的寄语

要记住，与人朝夕相伴的动物总是在凝视着人们。他们与我们一起欢乐，能安慰我们疲惫的心灵。珍惜与你相遇的动物，与他们一起找寻幸福吧。

■大家再见啦！

徐绿 / text
知日资料室 / picture

不只是眼睛、耳朵和拐杖

在日本的电车、餐馆、超市内，偶尔会遇见这样有些特殊的狗：它们有些穿着工作服，有些戴着牵引带，有时温驯地依偎在主人脚下，有时缓缓走在主人前方进行引导——它们是导盲犬、介助犬、听导犬，被统称为“身体障碍者辅助犬”。2002 年 10 月开始实施的《身体障碍者辅助犬法》中规定，辅助犬跟主人在一起时，可以搭乘出租车、地铁、公共汽车、飞机，也可自由出入餐厅、宾馆、商店、医院。因此，我们可以在日本的很多地方发现辅助犬的身影。

厚生劳动省颁布的辅助犬标志，广泛应用于各种场合。

导盲犬

介助犬

听导犬

厚生劳动省发布的辅助犬海报，呼吁公众接受和理解辅助犬的存在。特别提出，让辅助犬进入公共场所是《身体障碍者辅助犬法》中规定的义务，不要因为“是狗”而拒绝让其进入，请因为“和人在一起”而接受它们。

虽然导盲犬、介助犬、听导犬的工作内容各有不同，但目的是一致的——促进残障人士自立及参与社会活动。

导盲犬帮助视觉障碍人士安全而舒适地行走。它们的主要工作是告知主人障碍物、拐弯处和台阶等行走障碍。

介助犬对肢体残障人士的日常生活进行支援。它们的主要工作是捡起掉落的物品，替主人将拿不到的物品取过来，开关门、冰箱和抽屉，操作按键等。此外，还将辅助主人的行走、起身等各类活动。

听导犬通过对声音的辨识，帮助引导听觉障碍人士的下一步行动，它们一般会辨别门铃声、传真机的声音、婴儿哭声、汽车喇叭声、警报等声音，并通过用前足触碰主人的方式告知他们。

在这之中，导盲犬是最为众人所熟知的，同时亦是实际工作数量远远高于其余两者的种类。根据日本厚生劳动省的资料，截至 2012 年 3 月底，全国实际工作的导盲犬数量已超过 1000 只，与此相对，介助犬和听导犬分别仅有 60 只左右。但是，从总体来看，辅助犬的数量还远远无法满足残障人士的需求。

日本导盲犬的历史亦较其余两者悠长。1938 年，美国青年戈登（Gordon）带着导盲犬到日本旅行，这是日本第一次认识到“导盲犬”这类工作犬。1957 年前后，Eyemate 协会创始人盐屋贤一训练出日本第一只导盲犬 Champi。1995 年，全国导盲犬协会设施联合会设立总会，目前包括日本国内的八大导盲犬团体。与此相比，20 世纪 80 年代左右日本才开始对听导犬进行培育，而日本第一只介助犬 Gretel 诞生之时已是 1995 年了。

辅助犬的一生

根据厚生劳动省的资料，日本国内的导盲犬训练机构共有 17 家，关于导盲犬的训练流程已有一套成形的规范。但其实无论是辅助犬中的哪一种，其训练的过程均是大同小异的，因为所有训练的宗旨都离不开它们所要服务的对象——人。

1 诞生

作为候补犬出生的幼犬从出生伊始到两个月左右，是跟着母亲及兄弟姐妹一起度过的。但是，因为听导犬提供的支援不需要过多的体力，不必拘泥于体型和品种，因此会从动物爱护收容所或动物爱护团体中选择适合的幼犬。

2 寄养（有时会跳过这个阶段）

幼犬在两个月大的时候与母亲分离，直到一岁左右的 10 个月里，是跟着志愿者家庭成长的。寄养家庭的养父母被称为 puppy walker，他们用无私的爱给狗营造出温馨幸福的成长环境。这一时期是狗与人建立信任感的重要时期，狗在与人生活的过程中学习各种社会规则，如定点大小便、在公共场所保持安静等，养成良好的行为规则，为将来与主人一起生活打下良好的基础。

3 基础训练

寄养阶段之后，候补犬会回到训练机构接受基础训练。为了能够最大限度地融入人类社会，这是所有候补犬的必经阶段。虽然根据辅助的性质，具体内容会有少许不同，但基本上是针对服从与教养的训练。首先，它们必须学会根据主人的指示进行“坐”“趴下”“等待”“停下”，以及在指示解除之前保持该动作；其次，它们必须养成良好的生活习惯，如在指定的时间和地点进行排泄、不在公共设施处随意发出叫声干扰公共秩序等。

4 导盲・介助・听导动作训练

动作训练中，将根据候补的种类不同，进行相应的特别训练。举现阶段较为完善的导盲训练为例，主要由六大部分组成——

步行训练：视觉障碍人士只能通过导盲鞍来确认导盲犬的行动，从而保障行走的安全。比如，把手稍微偏左说明左边有拐角，把手向上移动后停止表明有向上的台阶或陡坡。因此，在步行训练中，必须训练狗服从训练师发出的前进和拐弯等步行指示，还要培养过马路时遇红灯停等良好社会习惯。

诱导训练：这是为了让狗能够带领主人安全地抵达目的地所必须采取的训练，如需要取寄信时，训练师会特意摇动邮筒投递口的金属盖，通过声音让狗记住。

障碍物训练：为了避免让主人撞到障碍物，狗必须学会各种规避障碍物的方法。一段时间之后，训练师会带狗到街道上实际体验各种障碍，这是一项十分耗费时间的训练。

雪道训练：在北海道等雪多的城市，这是必需的训练，因为积雪会导致街道变窄甚至无法通行，届时，路面易滑且道路状况每天改变，对狗的应变能力是一大挑战。

训练师蒙眼训练：一段时间的训练之后，训练师会戴上眼罩，模拟视觉障碍人士与导盲犬一起行动的情景。

不服从训练：这是最重要也是难度最大的训练，简而言之就是“不听主人的话”。例如，在绿灯未亮起的时候，狗应当以安全为优先，坚决制止主人横穿马路。

5 共同训练

共同训练会根据辅助的类型，持续半个月到一个半月不等。这段时间主要进行以下四种训练——

① 配合主人残障类型和需求的训练；

② 配合主人的生活环境（包括室内和室外）的训练；

③ 指导主人对狗进行饲养管理、健康管理、排泄等；

④ 陪伴主人前往公共交通工具、酒店设施、商业设施和餐饮设施等地的训练。

同时，这也是狗与主人达成一体感的重要训练。

6 毕业

完成共同训练之后，候补犬会接受认定测试。其中，有一部分狗并没有达到成为辅助犬的标准。这些狗将会参与训练机构募捐或慈善义卖会等宣传活动，继续发挥它们的作用。

而顺利毕业的候补犬终于成为了独当一面的辅助犬，和各自的主人开始共同生活。此后，训练师会定期到主人家中进行追踪训练和指导，确保辅助犬的服务质量。

7 退役

一直保持健康状态的话，到了 10 岁左右，辅助犬就会和主人告别，开始退役生活。退役犬中的一部分将被志愿者家庭领养，重新享受被无私照顾的生活，一部分则返回训练机构中的养老基地。无论如何，机构均会确保它们能够在爱的包围下迎来自己的最后时刻。

辅助犬知识小百科

怎样的狗适合辅助犬的工作？

从品种上来说，因为听导犬无需对体力进行要求，多数是杂交等无血统书的品种，而介助犬倾向于选择有力气、能搬东西的犬种。日本第一只导盲犬是德国牧羊犬，但是从体型适中、便于牵引等方面考虑，目前日本国内最常见的导盲犬犬种为拉布拉多、黄金猎犬，以及拉布拉多和金毛的一代杂交犬。

然而，更重要的其实是每只狗自身的性格。首先，与人友好是首要条件，它们必须喜欢和人类在一起。其次，性情温和、不具攻击性、时刻保持冷静等特质能帮助它们更好地完成工作。最后，因为辅助犬需要陪伴主人搭乘交通工具，它们还不能晕车。

实际上，100% 符合辅助犬要求的狗几乎不存在，只有经过严格的长期训练，它们才能胜任辅助犬这份工作。

怎样在街头区分辅助犬？

套在导盲犬身上的导盲鞍是区分导盲犬的标志。对导盲犬来说，戴上导盲鞍就是工作状态，所以给导盲犬喂食、帮助排便的时候要把导盲鞍取下来。根据道路交通法，导盲鞍为白色或黄色。

听导犬大多穿着橙色的斗篷，这是因为在美国，听导犬的象征色是橙色。

介助犬则不一定，有些会穿斗篷，有些会背背包，服务轮椅人士的时候则会戴上特殊的牵引带。

一般用什么语言来命令辅助犬？

根据每个训练机构的不同，使用的语言也会有所不同，一般是用英语或英日混杂的语言。以较有代表性的介助犬的指示语为例，动词使用英语，名词使用日语。例如，想让狗去桌子处时，会这样发出指令：“Go to テーブル（桌子）。”

辅助犬会因为整天工作而寿命减短吗？

这绝对是误解。成为辅助犬的狗都拥有适合的特性，也经过适当的训练，因此工作上的负担并不会过重。而且，辅助犬都对人怀有深厚的感情，能够和人共同行动并做出贡献的话，对它们来说也是很幸福的事情。介助犬和听导犬目前的历史较短，所以缺少数据，但可以确定的是，导盲犬和一般家庭中饲养的狗的寿命并无区别。

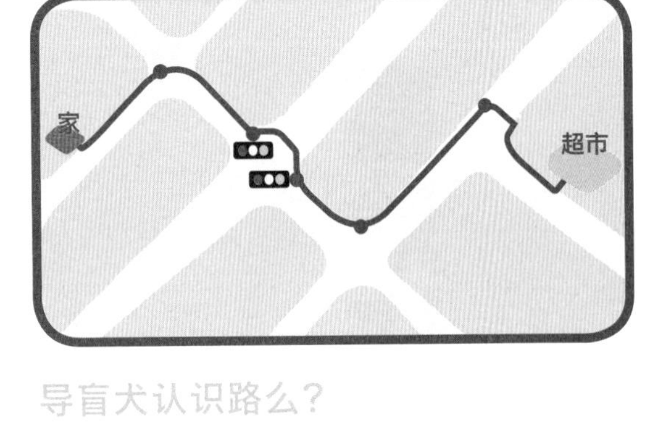

导盲犬认识路么？

可能有人会认为导盲犬是导航仪一样的存在，但事实上，直接告诉导盲犬“去超市”是行不通的。主人是一边在脑海中画着地图，一边对导盲犬发号施令的。例如，想去第二个街角右拐，下一个十字路口对面的超市的时候，主人需要通过确认导盲犬告知的拐角和红绿灯走到目的地。

有了辅助犬之后还会遇到无法解决的困难吗？

这是当然的。例如，导盲犬无法读出文字，介助犬无法抬起轮椅，听导犬无法传达广播中的内容。因此，辅助犬能起到的作用是有限的，帮助特殊人群应该是整个社会的责任与义务。

成为辅助犬训练师难吗？

成为辅助犬训练师需要经过严格的训练。以导盲犬训练师为例，成为一名合格的导盲犬训练師需要3~5 年的时间。首先，他们要学习与狗相关的各种知识，包括如何饲养犬、如何管理犬舍，以及动物心理学。此外，还要了解视觉障碍人士的生活习惯和心理等知识。

本阶段达标后，才能进入导盲犬训练师的培训阶段。在此期间，训练师在所属的导盲犬协会的指导和监督下，要训练约 20 只狗、进行 5 次左右的步行指导。训练技术、专业知识和实习合格之后，将由协会进行导盲犬步行指导员的认证。

但是，即使已经具备了辅助犬训练师资格，训练师也绝对不能高枕无忧。因为在实际工作中遇到的人和狗都有着不同的性格和习惯，因此更重要的是根据具体情况调整训练方式，不能全凭经验之谈。

从旁观者的角度来看，辅助犬就是残障人士的眼睛、耳朵和拐杖。然而仅仅如此吗？当导盲犬坚决制止主人在绿灯未亮时横穿马路的时候；当介助犬为了摔倒在地的主人拼命呼救的时候；当听导犬在火灾警报响起时迅速叫醒主人的时候……还有更多的时刻里，它们是主人身边最亲近的伙伴，分享着对方的喜悦与悲伤，成为主人内心的安慰——也许，它们不仅仅是主人的眼睛、耳朵和拐杖……

喜欢洛洛的查理和喜欢查理的洛洛

山本理惠子 / photo & text
丁一可 / editor

从跟查理一起生活开始，理惠子就拿起相机记录查理每天的生活，还在网上创建了主页与大家分享。

查理喜欢猫，缠着理惠子播放猫的视频给它看，于是理惠子家迎来了洛洛——一只苏格兰折耳猫。

洛洛很喜欢查理，从小就模仿查理，黏着查理。不知道什么时候，查理和洛洛已经开始玩同一个玩具，喜欢同样的食物，一起呼呼大睡……

↑ 查理找到了在滚铅笔玩的洛洛。

↓ 查理不一会儿就把铅笔抢了过来，变成了自己的玩具。

后来我狠狠地教训了查理：“铅笔不是玩具！”

被小猫用逗猫玩具
逗玩的狗狗。

2011年
7月10日

晚安咯。

2011年
7月28日

↑　总是要在一起，明明有那么多空椅子。

2011年
8月3日

等待早餐的
两只动物。

2011年
8月8日

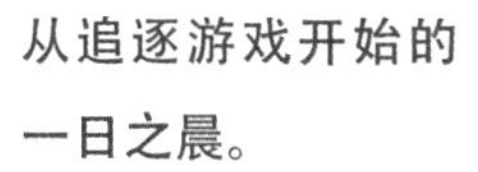

从追逐游戏开始的
一日之晨。

2011年
8月30日

查理，6岁生日快乐♪

查理6岁了。好快啊，已经6年了。我比平时更用力地抱住查理，告诉它："谢谢你一直陪在我身边。"
就算不说出声，我也觉得心情总能够传达到。
查理，以后也请多多关照！

睡得很舒服的样子……
要好好相处哦。

视线的末端似乎有
很好吃的东西。

什么？今天有什么新发现
不知不觉望着同样的东西
不知不觉待在一块儿。
喜欢的食物是面包和纳豆
不喜欢水果和蔬菜。
就算是狗和猫，生活在一
似乎也渐渐变得相似起来

突然的来访，让查理很开心♪

查理君，好喜欢你♡

好久不见，查理
很开心的样子♡

查理知道，这是家里最暖和的地方了。

明天要饱饱地睡个午觉。
哎？查理？你怎么变小了？

你们两个，谁去把毛线球放回去？……

两个人和一只狗，共度悠闲时光

2012年
3月24日

心情一直很好的查理♫

我们找到了这座小岛上最美的海滩。
空旷的沙滩上瞬间就布满了查理的爪印。

虽然不会游泳，但是很喜欢大海♡

松下纯之 / photo & text
王亚婕、徐绿 / editor

松下纯之

我亲爱的 Bolt 与 Sunny

松下纯之是在摄影网站 flickr 上活跃的摄影爱好者。从开始摄影至今已差不多 5 年，他拍摄旅途中的风景，拍摄生活中的好友，更多的是拍摄自己的爱犬——Bolt 和 Sunny。但无论聚焦于何处，松下纯之的镜头展现出来的永远是浓浓的“人”的气息。他曾说，Bolt 从小就不喜欢相机，从不肯乖乖地让人从正面拍摄，只有和家人在一起的时候它才会展现真实的自我。

于是我们看到的 Bolt 和 Sunny 总是与家人在一起的画面。它们与家人亲吻，与家人相互依偎——因为松下纯之的愿望，就是拍出 Bolt 和 Sunny 幸福快乐的心情。

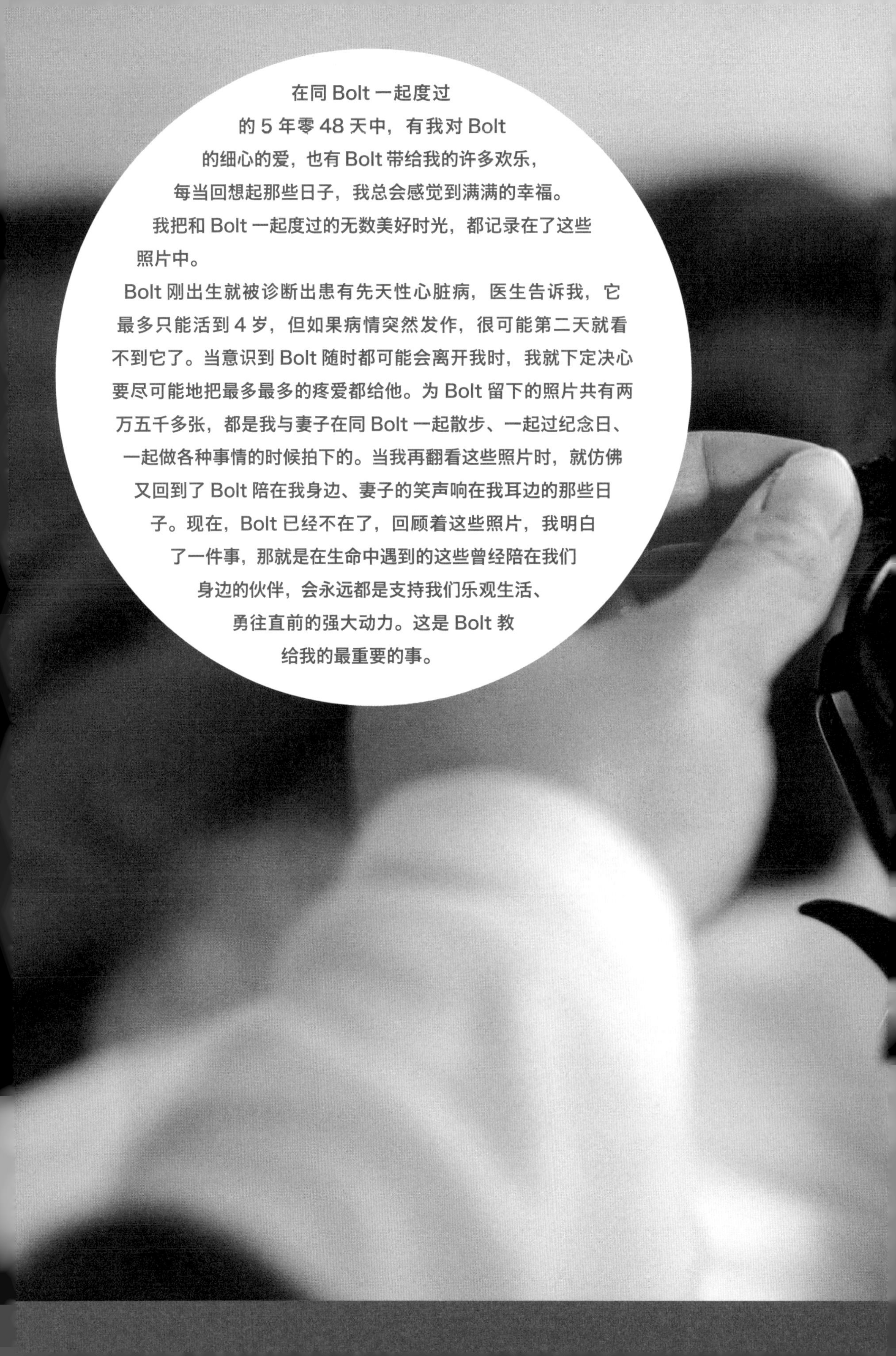

在同 Bolt 一起度过
的 5 年零 48 天中，有我对 Bolt
的细心的爱，也有 Bolt 带给我的许多欢乐，
每当回想起那些日子，我总会感觉到满满的幸福。
我把和 Bolt 一起度过的无数美好时光，都记录在了这些
照片中。

Bolt 刚出生就被诊断出患有先天性心脏病，医生告诉我，它
最多只能活到 4 岁，但如果病情突然发作，很可能第二天就看
不到它了。当意识到 Bolt 随时都可能会离开我时，我就下定决心
要尽可能地把最多最多的疼爱都给他。为 Bolt 留下的照片共有两
万五千多张，都是我与妻子在同 Bolt 一起散步、一起过纪念日、
一起做各种事情的时候拍下的。当我再翻看这些照片时，就仿佛
又回到了 Bolt 陪在我身边、妻子的笑声响在我耳边的那些日
子。现在，Bolt 已经不在了，回顾着这些照片，我明白
了一件事，那就是在生命中遇到的这些曾经陪在我们
身边的伙伴，会永远都是支持我们乐观生活、
勇往直前的强大动力。这是 Bolt 教
给我的最重要的事。

Bolt

1
2
3

Sunny

Sunny 是
我和妻子正在呵护的一只
流浪犬。自从 Bolt 离开之后，我
们本打算暂时不再饲养小狗了，不过若
能遇到一只有缘分的小狗，也并非不考虑。
就这样，一天，我遇到了 Sunny。Sunny 是
一只斗牛犬，平时很少能见到流浪的斗牛犬，内
心深处认为这何尝不是一种难得的缘分，于是我
就把它带回了家。现在回想起那天和 Sunny
的偶遇，越发觉得不可思议，那一次的相遇
一定在传达着什么信息。

我想，我一定会在和 Sunny 一起
生活的时光中得到答案。

藤代冥砂 / photo
王亚婕、徐绿 / interview & text

藤代冥砂

在一起，分秒都是好时光

摄影师藤代冥砂拍摄的题材非常多元化，他活跃于杂志和广告摄影界，为许多演员和模特拍摄过写真集。另一方面，动物保护亦是他的摄影中恒久不变的主题。他是动物保护组织 KDP（神奈川狗保护协会，Kanagawa Dog Protection）的干事，连自己的爱犬 Baro 都是从 KDP 领养来的。他还举办过保护犬照片展，制作《RESCUED DOGS》日历进行慈善义卖。

Vivi、Baro、Nita、Kaba、Ali……在他的镜头下，猫猫狗狗们就像一群热闹的小朋友，撒欢、淘气、自由自在地玩耍。只要他们在一起，分秒都是好时光。

差点儿被人道毁灭的 Baro，藤代从动物保护组织 KDP 那里把它带回了家。

叶山的森户川河口，Vivi、Kaba 和妻子 Ayumi 一起散步。

叶山的家里，宠物们晚上会在笼子里睡觉，以免它们四处恶作剧。

还是幼犬时代的 Vivi，真是比男孩子还淘气的女孩。

Vivi 刚来到东京的家里，正在笼子里接受上厕所的训练。

您开始拍摄狗的契机是什么？

刚结婚的时候，我养了两只斗牛犬，从此开始了以狗为对象的摄影。

您爱用的相机和镜头是什么？

奥林巴斯 OM-D 相机，和标配的 12~50mm 镜头。

您拍狗的时候，喜欢的风格或者说坚持的原则是什么？

比起拍照本身，我觉得更重要的是享受和它们在一起的时光。我相信，好的照片从度过好时光开始。

在东京家里的 Vivi 和 Ali，它们的感情很好。

《犬语的教科书》一书中，您负责摄影，妻子 Ayumi 负责文字。您认为这本书和其他的关于犬的书籍相比，最大的特点是什么？

现在有很多关于养犬的解说书，但是意外的是，从饲主角度出发的书很少。我想要出版这样的书，它不单纯是一本解说书，当你翻开它的时候还会觉得有趣可爱。书里选用的照片都是日常生活中抓拍到的自己养的犬，因此，我认为我的书有其他书所没有的温馨和幽默。妻子的点评也是从个人的视角出发，这样对读者来说也很有亲近感吧。另外，妻子持有驯犬师的资格证，有很扎实的知识基础。

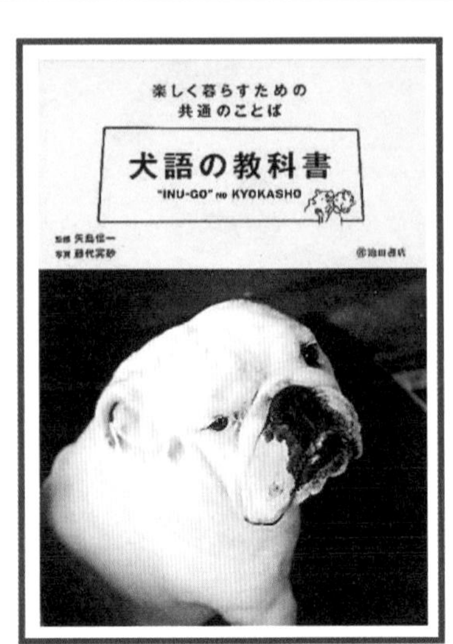

藤代冥砂《犬语的教科书》
池田书店（2011 年）

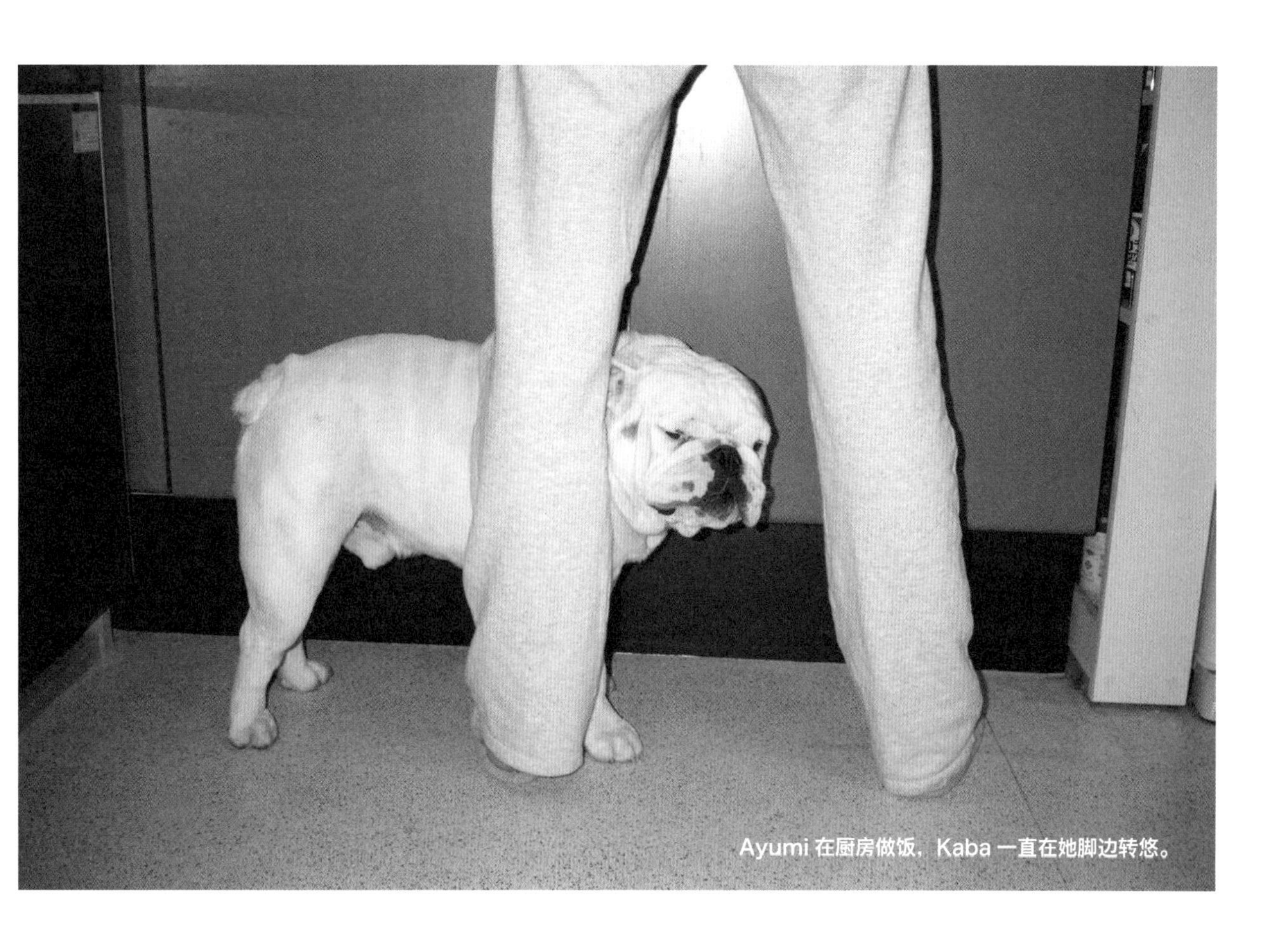

Ayumi 在厨房做饭，Kaba 一直在她脚边转悠。

在房间里享受日光浴的 Vivi 和 Kaba，Vivi 是姐姐哦。

非常有男子气概的Kaba，长大之后它也很喜欢玩球。

您拍犬时遇到的最大困难是什么？是如何克服的呢？

最大的困难就是，犬是不会按照摄影师的设想行动的。所以对摄影师来说，保持放松的心情，一边期待一边悠闲地等候最佳时刻的到来，是非常重要的。

可以告诉我们在拍犬的过程中发生的最有趣的事情吗？

一边拍照一边认真观察狗狗的话，会发现很多平常注意不到的事情。将视线降低到和犬同样的高度之后，可以看到和日常所见不同的风景，我觉得这就是最有趣的事情。

上:
在院子角落上厕所的 Vivi，藤代说："幸好我站得远。"

下:
坐在爱车里的 Kaba 和 Ayumi，这是去医院的路上。

藤代说想知道笼子里面是什么感觉，于是自己坐了进去："3 个家伙都进去的话果然还是有点儿窄啊。"

世田谷公寓的院子，Ayumi 摇晃着吊床，Vivi 和 Kaba 很想跳上去。

Ayumi 在冲绳旅行中与偶遇的狗狗搭讪。

多摩川岸边玩耍的 Vivi、Ali 和妻子，夕阳西下时的阳光真是太美了。

dapple dapple / text & photo
王亚婕、徐绿 / editor

dapple dapple

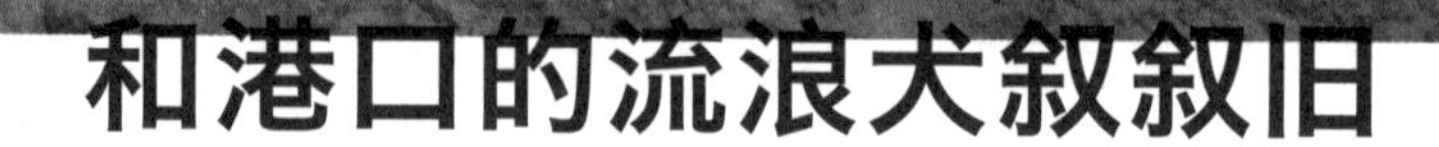

和港口的流浪犬叙叙旧

2010 年，两只流浪犬远远地望着我。

2007 年冬，这只母犬保持着警戒心，不愿与我缩短距离。

2010 年，瘦骨嶙峋的犬在我的镜头前已无力气呈现表情，丝毫没有友好的态度。我真的希望它还可以活很久。

2010 年，流浪犬们始终与我保持着一定的距离，它们靠乞食来维持生存，所以常常会这样端坐在路边等我来送食物。

2006 年，dapple dapple 在整理父亲的遗物时，瞬间被那台拥有一流设计感外观及清爽快门声的相机所吸引，从此开始了摄影生涯。他带着他的宾得 SL 相机结识了一群生活在港口的流浪犬，在他的镜头下，日日夜夜，这群流浪犬都轻松自在地享受着这片港口的安逸。

2007 年，我已记不清是在哪里遇见它的，只记得看到它没有戴项圈，所以推测一定是只流浪犬。它是一只威严、毛色油亮的黑犬。它摇着耳朵和尾巴并不是在向我谄媚，而是在自豪地炫耀着。

公犬较母犬对人更具戒备心，远远观望着镜头不愿靠近。

在我家附近这片港口上，生活着一群流浪犬。可能是因为周围的居民对它们很友好，所以它们对人也很亲近，从来不会害怕。认识它们差不多已经有 5 年了，我们早已成为彼此非常熟悉的老朋友。我在家里也养了一只叫 May 的爱犬，平日里为 May 拍照时，常常会觉得“我的 May 真是世界上最可爱的小宝贝”。但与这种感觉不同的是，我和这群流浪犬之间的默契似乎更微妙，为它们拍照时的那份亲切感，就如同在聚会中遇到了心心念念的旧时好友。只要我朝它们喊一句“要拍纪念照啦，都快来整齐地排好队”，它们就会很有礼貌地聚过来，配合我摆出各种姿势。当然了，喜欢和它们在一起的我，也常常会带些美味的食物去看望它们。

这只母犬很听我的话，可是它的孩子们却并非如此。

每当我把食物投向它们的时候，就能明白这些流浪犬之间的等级和关系，时常有两只犬因为食物而相互较量。

流浪犬中的等级分明，获取食物时有严格的顺序。照片中最远的那只没有伸出舌头来，大概是我碰巧抓拍到了它知道自己得不到食物而决定放弃的表情。它的身体并不瘦弱，可能是因为能捡到前面的狗吃剩的食物。

看，我的脸上写着“NO.1”呢，我就是这里的老大。

NO.2 比 NO.1 年轻、野心勃勃。

2006 年，我开始练习摄影。最初是因为要寻找拍摄对象而尝试拍流浪犬，流浪猫我也拍过，效果不如前者好。这些既不漂亮又不潇洒的流浪犬有着独特的魅力，吸引着我用相机去记录它们的生活。

今天怎么不好好排整齐来照相啦，
你们真是随着性子来啊！

2008 年，长大了的小狗们还继续在妈妈身边生活，妈妈对孩子们非常温柔。

2007 年，我在寻找拍摄对象时无意发现的幼崽们。它们从纸箱中探出身来的样子特别可爱。

从人的视角看会觉得它们的生活既安详又幸福，但实际上它们也一定很辛苦。

卡车下安静的流浪犬，这里是它们的屋檐。

背景中废弃的港湾事务所和流浪犬们非常般配。

在雨中等待着食物的流浪犬。

一起等食物的两只同伴像是“NO.1”的贴身保镖。

离开主人的那一天起……

徐绿 / text
知日资料室 / picture

“野良犬”

这是流浪犬在日文中的写法。大部分流浪犬都是被饲主遗弃的宠物犬，即日文中的“爱玩犬”。

事实上，在日本，经济和物质较为宽裕的时期亦不过这数十年间，犬作为伴侣动物的历史并不长。如今，犬被大多数寂寞的都市人当成了心灵的伴侣，因为它们服从性较高，智力等同于四五岁的人类幼儿，品种也较为丰富，能够满足不同人群的需求。然而，这些被饲养的犬一直与人类一起生活，离开了人类社会之后独自生存的能力并不高。因此，一旦遭到遗弃，它们的生活会完全改变，甚至可能失去生命。

動物の遺棄・虐待は
犯罪です。
不幸な命を産み出さないために
不妊去勢しましょう。
●愛護動物を遺棄した場合
50万円以下の罰金
●愛護動物を殺傷(虐待)した場合
1年以下の懲役または
100万円以下の罰金
●動物の愛護及び管理に関する法律
第44条 愛護動物をみだりに殺し、又は傷つけた者は、1年以下の懲役又は100万円以下の罰金に処する。
2 愛護動物に対し、みだりに給餌又は給水をやめることにより衰弱させる等の虐待を行つた者は、50万円以下の罰金に処する。
3 愛護動物を遺棄した者は、50万円以下の罰金に処する。

2009 年环境省制作的动物爱护海报，分派给全国各自治体进行张贴宣传。

《动物爱护管理法》

在日本，对于饲养犬的遗弃问题早已做出法制方面的规范。根据 2007 年修订的环境省《关于家庭动物等的饲养及保护准则》第一条，规定饲主有正确饲养动物的义务。另外，值得一提的是，日本现行的《动物爱护管理法》的原型是 1973 年制定的《动物保护管理法》，1999 年将“保护”改为“爱护”。对此，日本环境省的公告中表示，“保护”主要指关于动物的防止虐待及正确饲养等内容，而“爱护”一词不仅可表示上述内容，还体现了改正法的最终目标——通过构筑人与动物的良好关系，培养人们对生命的尊重与友爱。

《动物爱护管理法》的第四十四条第三项中明确提出：遗弃爱护动物者将受到最高 50 万日元的罚款。

然而，根据环境省对《动物爱护管理基本方针》的第四次调查，对于《动物爱护管理法》一般认知度的网络及电话调查结果显示，只有 20% 的人对该法规有内容方面的了解。因此，《动物爱护管理法》要想起到良好的警示效果仍是任重而道远。

遗弃饲养犬的原因

外部原因：

① 在当今的日本，禁止饲养动物的集合住宅数量增加，饲主搬家有可能导致饲养动物的条件缺失。

② 饲主自身的疾病或死亡，或者家庭环境的改变。将狗作为伴侣动物的老人不在少数，而当一个家庭诞生了新生儿之后，也可能因为婴儿的过敏问题不得不放弃饲养动物。

③ 当犬逐渐衰老或突然患病之后，在医疗上需花费的费用将急剧增加。

内部原因：

① 饲养知识的欠缺。如果没有事先了解饲养犬方面的知识，难以根据狗狗的种类进行正确的饲养，也因此在看护、调养等方面遇到困难。

② 道德修养的欠缺。在饲养了一段时间后因失去兴趣而无责任弃养的饲主不在少数。

对被遗弃的狗狗的处理方法

收容——处理（返还、领养）——（无法返还和无人领养的情况）人道毁灭

根据环境省的调查报告，2010 年度全国自治体中收容及处理的犬数量如下：

	收容数		处理数		
	从饲主处	主人不明	返还数	领养数	人道毁灭数
犬（只）	21,142	64,024	16,129	17,335	51,964

人道毁灭既有化学方式亦有物理方式，尽量让被处理的动物在感受不到痛苦的基础上，令其丧失意识并停止心肺功能。这种方式遵从《动物爱护管理法》的规定，大概是相当于“安乐死”的做法。

由此产生的问题

首先，野生化的犬有可能会对附近的居民、环境以及野生生物造成破坏。捕获和处理它们也是一笔不小的开销。除去费用，收容动物的人力物力、进行人道毁灭及人道毁灭后尸体处理的设备也将是一个问题。并且，对于从事这项工作的工作人员和兽医，也可能会造成一定的心理负担。

虽然动物爱护团体的谴责亦是义正词严，毕竟这是任意杀害与人类最亲近的犬的行为。然而，让所有被收容的犬都能找到新饲主是几乎不可能完成的任务。并且，刚被收容的犬经常会发生咬人事件，要令它们达到能被领养的稳定状态也需要一段时间。

解决方案究竟在何方

《犬的动物学》一书的作者猪熊寿先生认为，解决问题的源头在于饲主方面。
他提出了针对饲主的四项原则：

① 正确地理解犬；
② 准备好适当的环境；
③ 做好照顾犬一生的心理准备；
④ 投喂适当的食物。

在日本的街头，经常会看到动物福祉团体的志愿者在进行自发性的宣传活动，如为日本 3・11 大地震中的受灾动物进行募捐，或是介绍饲育知识的小型展览会。各地自治体亦经常有组织、有规划性地前往动物收容所进行志愿者活动，帮助清洁动物以及寻找领养者。包括在网络上，如今也有许多公益性网站致力于动物爱护的工作，他们只是希望：让所有的生命都能够得到尊重……

为了加深人们对动物的爱护与正确饲养等意识的理解与关注，《动物爱护管理法》规定每年的9月20日至26日为“动物爱护周”。从2005年起，每年就动物爱护周的海报设计面向公众进行作品征集，最优秀的作品将授予“环境大臣赏”，并在该年度动物爱护周期间作为海报使用。

2005年与2006年

2005年与2006年两届，动物爱护部门与防止动物扰民部门分别就不同主题进行作品征集。

2005年

动物爱护部门:
終生飼養の推進
（终生饲养的推进）

防止动物扰民部门:
鳴き声による迷惑防止
（防止叫声引起的扰民）

2006年

动物爱护部门:
子どもと動物
（孩子与动物）

防止动物扰民部门:
動物のまいご防止（遺棄、逸走の防止）
【防止动物走失（防止遗弃、逃逸）】

2007年

2007年，两个部门使用同一主题，但奖项分别设置。

ペットを飼う前に考えよう
（饲养宠物前请慎重考虑）

2008年

2008年开始，海报仅选用一张。

まもれますか? ペットの健康と安全
（能保护它们吗? 宠物的健康与安全）

2009年

めざせ！満点飼い主
（目标！满分饲主）

2010年

ふやさないのも愛
（不再繁殖也是一种爱）

2011年

備えよう！いつも一緒にいたいから
（做好准备！因为想和你一直在一起）

2012年

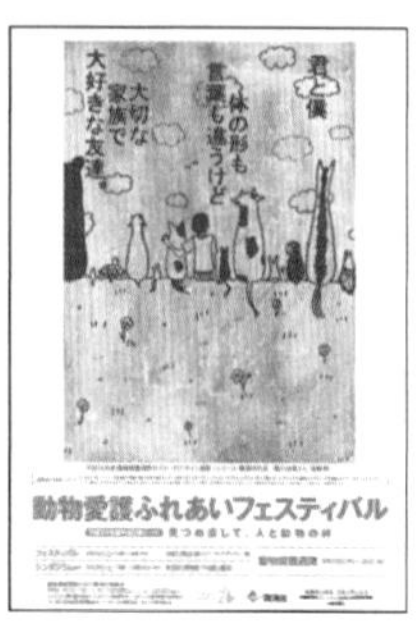

見つめ直して、人と動物の絆
（重新审视一下吧，人和动物的纽带）

《犬的动物学》
猪熊寿
2001 年
东京大学出版会

在日本有众多致力于动物爱护的公益社团法人会举办相关的公开研讨会，其中较活跃的组织有：

日本动物爱护协会 1948 年创立

日本动物福祉协会 1956 年创立

日本爱玩动物协会 1979 年创立

日本每年约有 8 万只犬因为走失而被处理。针对这一现状，日本 AIPO 一直在推行对宠物安装微型芯片的宣传。AIPO 是动物 ID 普及推进协会（Animal ID Promotion Organization）的简称，由全国动物爱护推进协议会（包括日本动物爱护协会、日本动物福祉协会、日本爱玩动物协会）及日本兽医师会组成。

微型芯片呈圆筒形，直径 2 毫米，长度约 12 毫米，一般以与注射预防针同样的方式埋入宠物的后颈皮下。完成之后，只需将扫描器对准头部，即可得知饲主的信息。

警戒区域内どうぶつ慰霊祭

あれから一年…

4月22日

福島第一原発20キロ圏内が封鎖され
置き去りにされた多くの動物達が
餓死させられ、殺処分され、
人災により命を奪われました。
14時46分に全国一斉で
1分間の黙祷を捧げます。
共に想いを届けましょう。

3・11 地震之后，以福岛第一核电站为中心的半径 20 千米的范围被封锁。由此，许多被遗弃在原地的动物直接饿死或者被人道毁灭。

2012 年 4 月 22 日，在神户三宫举行了反对犬・猫人道毁灭的游行活动。在游行活动之前，原预定举行展览及对 3・11 地震中被遗弃的动物进行慰灵祭。然而可惜的是，因为暴雨警报，游行之外的活动全数取消。

platinum / text & photo
林刚 / photo courtesy
高桥悟 / interview & cooperation

拿汉字“犬”开刀的艺术家

关于林刚的作品《犬》

2013年3月16日，在京都市立艺术大学画廊KUCA，举办了名为“犬与步行视”（犬と歩行視）的展览会。该展以艺术家林刚（HAYASHI Go）20世纪70年代的作品为中心，展示了他的《犬》《步行视》等概念装置作品。一同参展的艺术家还有井上明彦、木村秀树、黑河和美、仓智敬子、杉山雅之、高桥悟、建畠哲、长野五郎等。而京都市美术馆也将在2013年10月11日到11月17日展示林刚与艺术家中塚裕子共同制作的，自“Court”系列以来10年间的宏大装置作品以及诸多相关资料。

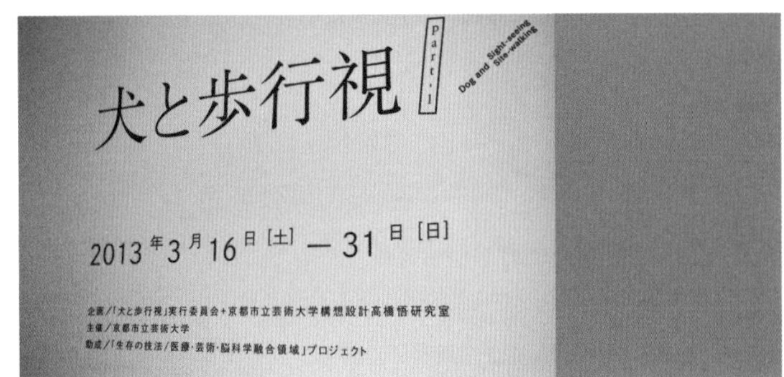

关于林刚

林刚是一位有些特别的日本艺术家。他生于昭和十一年（1936年）的朝鲜，换句话说，林刚是一位出生于战时殖民地的日本人。因此，直到战争结束返回日本之前，他都未能有一个较为健全的母语环境。本应成为母语的日语，对于林刚来说，在某种程度上几乎等同一门外语。他不得不将日语当成一门学问和功课来钻研，也正是因为如此，与其他日本人相比，他能够更多地对日语保持一种特有的专注和觉知，并创作了一系列以《犬》为代表的由文字、词汇组成的概念装置作品。

20世纪60年代，林刚的艺术主要以创作几何构成的人物样式为主，是当时备受瞩目的后起之秀。到了70年代，他开始使用《いいわ》（好啊）和《犬》等文字，向语言、概念、世界的意义发问。林刚的代表性作品便是此时产生、发展并成熟起来的。

KYOTO CITY UNIVERSITY OF ARTS ART GALLERY 地址：京都市中京区堀川御池东北角（京都市立京都堀川音乐高等学校）

关于作品《犬》的访谈

借此次展览会之机，2013年1月，京都市立艺术大学高桥悟[2]教授对林刚进行了一次采访。笔者从访谈中节译了《犬》的相关部分。

高桥：

您曾经在16画廊[3]举办过仅展示看板《犬》这一件作品的个展。怎么说呢？……有些特立独行，我是指用语上的。我也不是很清楚那可不可以称之为“语言”。不过，从作品被放在画架上来看，《犬》是一件使用绘画方式进行展示的作品，是十分特别的。

林：

这可以说是我的一个转变，也可以说是我的关注点不同了。总之，从《犬》开始，我的艺术有所不同了。当然也有一些关于《犬》这件作品的艺术评论文章，但是从那些文章来看，倒好像是一直在纠结“犬”这个语言概念。我想说，这件作品的重点并不是语言，而是一块看板。把这件作品单独地放置于16画廊，让这件作品的意义变得有些复杂难解了。其实，本应该像《好啊》这件作品一样，把《犬》像看板一样放置在各处，我想那才是正确的展示方式。因为放在了16画廊，而且还放在了画架上，就增加了一种绘画式的意义，被解读为一种绘画方式也是情理之中的。起初因为没有气刷，我还是用笔涂的。

另外，说起看板这种表现形式，首先，它表达的不是个人的事情。简单来说，就是不具有隐私性。看板就是要立在那里让大家都看的东西。举个通俗的例子来说，大家总能听到那句“我爱爱子[4]”。我最在意的就是从这句话中能读出点儿宣言的味道，一种宗教家似的宣言。临街的一些寺院的玻璃布告栏里总是写着各种事情，什么基督教的教诲呀，神的爱之类的。那些不属于日常生活会话，而属于引文。所以说，把从某些地方引用过来的话再写给公众看，这可不具有隐私性。

另外，被语言所渲染了的空间就自然形成了一个“场”，我对这一点很有兴趣。

我画《犬》的时候，虽然没有完全的自觉，但是我之所以会使用看板这种形式，是因为我想要尽量避免因为作品手绘而令人感受到的绘画性。

---

[2] 高桥悟（TAKAHASHI Satoru），耶鲁大学研究生毕业，后任卡内基梅隆大学助教授、密歇根大学准教授，现任京都市立艺术大学构想设计及媒体艺术教授。关心CONFLICT（对立）、COMMONS(共有)、MEDIATION(媒介)、MEDITATION(冥想)、EVIDENCE BASE(科学实证)和EXPERIENCE BASE(实践实证)等一些对立概念，通过对这些概念的思考，进行与艺术、医疗、生命、环境有关的研究和创作。

[3] galerie 16 地址：京都市东山区三条通百川桥北石泉院394　户川栋3F

[4] 柳井爱子，日本当红女歌手。

高桥：

作品除了采用看板这样的形式外，还选择了大尺寸。因为选择了这样的大尺寸，让人看到“犬”这个字的时候，会自然地联想到达・芬奇那幅人体比例图[5]。这也是作品的一种视觉要素吧？

林：

所以说，《犬》这件作品做成等身大之后就变得奇怪了。这件作品经常被一些美术杂志解读为：象征达・芬奇的人体比例图，而且在有意重复那幅比例图，“犬”的点则代表了掉下来的人头。其实，我没有那种嘲讽的意思，我本身也不喜欢那样做。不过，我也确实决定把这件作品做成等身大小。因为，如果作品变小了，也就没有人关心一些事情了，没有人把这件作品放置于上述那样的文脉中考虑，也就不会意识到上述的问题，最后也仅仅停留于“画着‘犬’这个字呢！挺有意思的！”这种程度的评价了。稍微做得接近人的身高，把作品做得大一些，使其具有一种压迫感。这么说多少有点儿奇怪，总之就是增强作品的视觉冲击力。再说得直白一些吧，某种程度上与看客的位置相关。比如，他们是仰视这件作品还是俯视它。这件作品会提供一种无论是谁都能切实感受到的、普世的观看心理，让人进入一种通俗世界。我没有过多地考虑如何理解这件作品。直觉告诉我，作品大一些效果会更好。

高桥：

那就是说，这件作品没有绘画的成分吗？

林：

嗯……也许是有一些绘画特征留下来的。说起大画，卢浮宫倒是有很多。那些作品完全没法让我感动。当然，我指的是看原作，不是图册。也许是因为作品的数量过多，加之尺幅又大。不过话说回来，卢浮宫的作品所展现出的那种现代绘画无法比拟的绘画技法，着实令人折服。我一直都比较关心作品是等身大的大幅作品还是小幅作品，这样的思考模式可能源于我是看画长大的，而我也不清楚这样的思考模式究竟是好还是坏。

高桥：

拿《犬》这件作品来说，我们最初是“读”这件作品，还是“看”这件作品呢？好像两种方式都不对，不是通过“读”，也不是通过“看”来感受。虽然拒绝用绘画性的眼光去“看”，但同时也不是对语言学或是“语言”的“思考”，而是遇见作品停住的那一刹，在停住的时间和空间中似乎有一些难解的东西，是在那些微妙的位置上存在着的“念”。

林：

我当然不是在做语言研究，我又不是语言学者。所以，自然还是无法脱离看客的。因为他们是进行解读的人，作品的大小是无关痛痒的。但我就是想把作品做大。所以，高桥你觉得是不是有绘画性？

高桥：

不是绘画性的吧。比如，用语言说出“犬”这个字，我认为最重要的是二者都不是。这样的一种无所属，才是最重要的。

[5] 此处指达・芬奇在 1485 年前后为罗马工程师马可・维特鲁威 (Marcus Vitruvius Pollio) 所著《建筑十书》书写评论时所作的插图。这是一幅素描，画幅高 34.4 ㎝，宽 25.5 ㎝。问世以来，一直被视为达・芬奇最著名的代表作之一，收藏于意大利威尼斯学院。

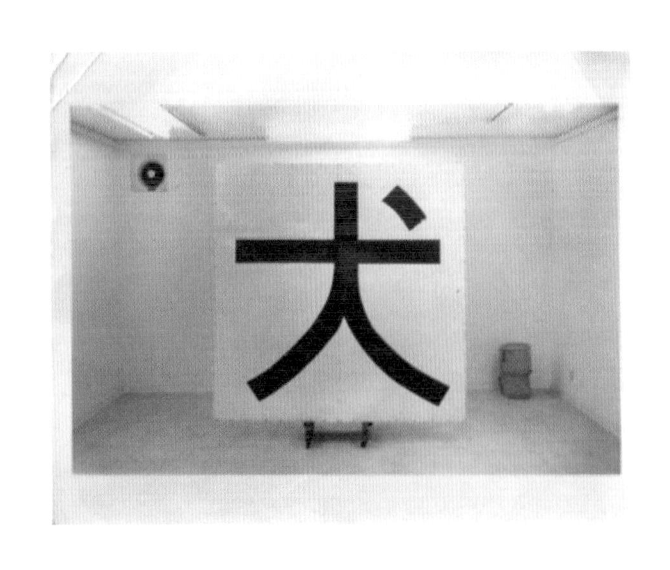

关于《犬》这件作品，相信读者们能从高桥悟教授和艺术家林刚的这次对谈中读出一些暧昧不明的东西，令我们无法把握作品。其中最令读者费解的便是：为什么非要是“犬”这个字呢？从头至尾林刚和高桥悟都没为来馆者解释“犬”这个字，而是通过对谈仅仅描述了作品的生成过程，也就是作品的产生语境。对作品的诠释则完全交给了美术评论家和来馆的观众。

这样一种重视生成环境和模糊作品定义的创作方式，具有太过典型的后现代主义特点。在此，笔者不想纠结艰深的后现代主义理论，因为后现代主义理论与这件作品一样难以加之一个明确的定义。但是，为了理解林刚的作品《犬》，从而了解日本20世纪70年代的艺术走势和水平，笔者不得不尽可能简单地谈谈这件作品的后现代主义特征。

后现代主义是一个过大、过宽泛的概念，笔者在此主要指法国哲学家德里达提出的解构的哲学原则，这一原则改写了过去符号学以“存在”与二元结构为基础的思考模式，开始研究“符号”与“代表物”之间没有必然联系的哲学课题。解构主义者们认为，社会现象是不存在固定、单一意义的，主张对现象的解释的任意性。

而在《犬》这幅作品中，“犬”这个文字是不具有“狗”这样一个本来意义的。我们看到的是一个脱离了原有含义的单纯符号。这也是一些美术评论家将等身大的《犬》这件作品，与达·芬奇的人体比例图联系起来讨论的原因。不过，《犬》既不是语言工具也不是绘画作品。若非要刨根问底地给它一个合理的解释的话，它是一件属于20世纪70年代，借“改造文字”形象地诠释了解构主义思想的概念作品。有意思的是，几乎是在同时，中国艺术家徐冰也在创作类似的艺术作品——《天书》。《天书》是一本谁都无法读懂的“书”。徐冰在大张的连续宣纸上印满了他所创造的“新汉字”。我们对于这些新汉字的某些部分极为熟悉，比如它们的笔画结构和字体样式。但是，当这些熟悉的部分被重新组合之后，我们完全读不懂它们。

20 世纪 70 年代，亚洲的艺术家们似乎有着某种默契，不约而同地拿自己的传统家当“汉字”开刀。他们的表现形式各有不同。林刚的作品主要由单一词汇构成。这个单一词汇未加解体或重组，它是以原有的样貌被涂在看板上展示出来的。他的这些作品似乎具有某种公共意义，它们向多个人展示同一个文本信息（汉字）。而且，看板的形式还多少带点儿极简主义的味道。而徐冰则创造了一个复杂的文本世界（并非单一词汇，而是一部由词汇组成的“书”），旧有汉字被解体和重组，以一个新的面貌展示在我们面前。虽然是向公众展示，但由于作品的文本庞大，个人阅读习惯的任意性意味着每个人见到的文本可能都是不同的。异于林刚的作品，徐冰的《天书》是具有个性的，并具有某种隐私性。而且，徐冰的《天书》呈现出的形式更多地带有传统书籍印刷的特点。

虽然如此，他们之间的共性还是能令看似复杂的艺术世界变得可解一些。那就是，他们都是不可读的。不管是字体变形无法辨认的《天书》（实际上，徐冰后来的作品《地书》中主张“普天同文”），还是原封不动被涂上看板的《犬》，那些“文字”没有一个准确划一的意义。面对这些文字，无论你属于使用汉字的亚洲人，还是习惯使用英文字母的欧美人，你都读不懂它们。这些作品超越国界、超越时间，带来了前所未有的公平性。就此，艺术世界迎来了它的“天下大同”的时期。

一切都要从感觉开始。当艺术世界不再有标准答案，那么跟着感觉走吧！没有人会有勇气指责你的解读是错的。因为，如果他那么做了，就意味着他将不得不给你一个标准的正确答案。而对于这些作品，艺术家本人都没有标准答案。

林刚 主要展览作品

1982　开始与中塚裕子共同参加京都独立美术展览会，此后的十年间制作了宏大的装置作品
1982　京都独立美术展览会 翻绳（京都市美术馆・画廊 16）
1983　京都独立美术展览会 THE COURT 天女之庭 / 网球场
1984　京都独立美术展览会 THE COURT x1.5 法庭
1985　京都独立美术展览会 THE COURT 天女的内庭
1986　京都独立美术展览会从 COURT 到 PLANT
1987　京都独立美术展览会 on the table[plant/ 大菜]
1988　京都独立美术展览会 in to the drawer
1989　京都独立美术展览会 around the seesaw[plant/ 大菜]
1990　京都独立美术展览会 PENKING 1990（GREEN to BROWN）- 黄金球穿过 M 带了吗
1991　京都独立美术展览会 1991　PENKING-(天女的接近) - 等

作家与爱犬

程茜 / text

翻看日本的文学书籍，同电影、电视剧、动漫等其他媒介一样，其中不乏犬类的身影。日本作家们对犬类的热爱溢于言表，丝毫不吝笔墨，塑造的各种犬的形象给人们留下了深刻的印象。真正亲自养过犬并留下文字的，在日本文坛上有两个举足轻重的人物，一位是夏目漱石，一位是川端康成。他们用文字记录下与爱犬的相逢离别、日常生活……

夏目漱石和Hector

一提起大文豪夏目漱石，人们首先想到的恐怕是猫，这源于他那部耳熟能详的著作《我是猫》。《我是猫》奠定了夏目漱石在日本文学史上的崇高地位。借助猫的听闻来讽刺现实，嬉笑怒骂，想必是因为文豪养过猫，熟知猫的习性，但很少有人知道他和犬也有不浅的缘分，是一个如假包换的爱犬人。他一生中养过两次犬，一次是在第五高等学校教英语的熊本时代，一次是在身为作家的早稻田南町时代。他给第二只爱犬取名“Hector”，借用了记录特洛伊战争的荷马史诗《伊利亚特》中的勇士的名字。

夏目漱石现实中养的猫，和《我是猫》的主人公一样，从出生到死亡，一生都没有一个像样的名字，而他养的犬却有一个颇具气概的名字。夏目漱石的次子夏目伸六对这种差别对待有这样的猜测：“恐怕是因为父亲当时有着严重的神经衰弱症，经常焦躁不安，连给当时出生的自己的女儿都起了不耐烦的名字‘エイ’（三女荣子，发音为“eiko”）和‘アイ’（四女爱子，发音为“aiko")，更别说费脑筋给家里养的猫起名字了。但是之后搬到早稻田，父亲却有些小题大做地给这只朋友赠予的小狗起了‘Hector’的名字……这是勇士的名字，这只血统不明的杂种小狗是否配得上这个名字尚未可知。尽管如此，父亲在交付养犬证之前，特意在‘种类’一栏里填上了‘混血儿’这几个字。我才觉察到，比起猫来父亲更钟爱狗。”（选自夏目伸六《父・夏目漱石》）

夏目漱石从大正四年（1915年）开始在《朝日新闻》上连载以描写身边琐事为主要内容的《玻璃门内》，里面详细记述了与Hector之间的点点滴滴，感情细腻真挚，至今读来仍不禁令人唏嘘感慨。与儿子眼中神经衰弱、暴躁不安的严父形象截然不同，夏目对Hector倾注了母亲般的慈祥与温情。

作家这样写与Hector的相遇：“那时它还是一个刚刚断奶的孩子。H君的学生用包袱皮包着它坐电车送到了家里来。那天夜里我把它安置在储物室的一角。把稻草铺到下边以免它觉得冷，尽量布置出一个舒适的窝来，然后关上了拉门。黄昏时候它开始啜泣，夜里用爪子挠破了拉门的糊纸，试图从里面逃出来。肯定是待在黑暗的地方自己睡感到寂寞吧，直到第二天早晨，它似乎整夜没合眼。它的不安延续到了第二天，又继而延续到第三天。过了一个多星期，它终于能在稻草堆上安然入睡了。这些天一到夜晚我总是格外挂心。”恐怕拉门另一侧的作家也担心得整夜无法合眼吧。

夏目漱石在同一系列连载中回忆过自己被父母送给别人当养子的经历：“我和杂货店的破烂一起被塞到笸箩里，每晚展示在四谷大街上的夜市上”。当他看到被包袱皮包着的瑟瑟发抖的小狗时，不禁想起了儿时辗转颠簸、孤独无依的生活的心酸记忆了吧。对他而言，狗已经超越了“狗”的存在，更是一种自我的折射和寄托。

『回想起从H君那儿得来Hector的时候，已经是三四年前了，真是恍如隔梦。』原来在连载开始前的两个月，Hector因病死去，夏目漱石的字里行间渗透了对爱犬的哀悼和怀念。

川端康成和黑牡丹

狗即便是寿终正寝也不过十几岁，仅仅是人类寿命的几分之一，因此，很多养狗的人注定要经历爱犬的生老病死。经历过这种痛苦并忠实记录下来的其中之一，便是诺贝尔文学奖的获得者川端康成。他在作品《我家犬记》中对自己的爱犬黑牡丹——一只狆和小猎犬的杂交后代——的死做了如下描述：

狗对主人从来没有不耐烦的时候……就算马上快死了，一旦被主人爱抚安慰，没有力气也会摇着尾巴表示感激。看不见主人身影的时候，也会踉踉跄跄地追寻主人脚步。黑牡丹死去的那天早晨，它蹒跚地挣扎着走到院子里，我正纳闷怎么回事，只见它在院子里拉肚子，原来它怕拉在屋里会受到训斥。（选自《川端康成全集》）

坚决不在家中大小便，是许多训练有素的家犬誓死遵循的准则之一。黑牡丹直到死之前，也一直坚持着这条原则，或许这就是狗的自尊吧。也正因为这样，川端康成对黑牡丹念念不忘。他不无感慨地说：“狗死后，我和老婆有一段时间甚至不能安心地待在家里。”原来，黑牡丹健康的时候，每当主人回到家，它总是飞奔到门口迎接，追着主人满屋子跑，来表达内心的喜悦。当主人夫妇双双出门的时候，黑牡丹一会儿咬榻榻米或坐垫，一会儿穿过壁橱的纸门，到处寻找主人的身影。虽然破坏了家里的物品，但是因为黑牡丹的死，这些都变成了回忆中美好有趣的片段。一回想起这些景象，作家就几乎不忍在家中待下去了吧。

川端康成在这篇文章里由衷地赞美了狗的本性，他说：“狗喜欢人类胜过喜欢自己的同类……它们对主人的爱完全是忘我的，是为了获得主人的爱而生，同样也可以说是为了爱主人而生。生下来不久，眼睛还没睁开，连路都走不稳的小狗崽的体内，这种爱人类的本能就已经开始觉醒了。”

《任天狗》

最简单的快乐

奥巴驴 / text
程茜 / editor
知日资料室 / picture

子犬たちとの暮らし、はじめませんか?

自日本万代公司（BANDAI）于1996年11月推出一款名为“たまごっち”（国内俗称“拓麻歌子”）的新型玩具——电子宠物蛋之后，电子宠物便凭借其易于携带等优点而受到人们的普遍欢迎。

或许正因如此，2005年4月，当日本任天堂公司（NINTENDO）新推出的次世代掌机NDS首发失利，市场面临困顿之际，一款名为“任天狗”的宠物养成游戏横空出世，在美、日、欧三地的销量均一举突破百万大关，并在全球市场上刺激了NDS的销售，使得NDS的销量一夜之间猛增7倍，一举反超索尼公司在同期推出的新型掌机PSP，并从此一路凯歌，在销量上和PSP的差距越拉越大。截至目前，《任天狗》在全球的销量早已超过2000万套，名列全球第二位（排名第一位的是家喻户晓的《马里奥兄弟》）。

在掌机历史上，《任天狗》堪称NDS的转折点，如同“二战”中的斯大林格勒战役一样，为NDS迎来了一个胜利的黎明。而在游戏历史上，《任天狗》作为NDS平台上第一款真正意义上的大作而一举荣获日本最具权威的游戏杂志《FAMI通》40分的满分评分，入主白金殿堂，成为《FAMI通》历史上第五个获得满分评价的游戏，并且是掌机史上的第一个！

那么，《任天狗》究竟是怎样一款游戏，才会有如此魅力，可以一夜之间风靡全球，赢得无数人的心呢？

作为一款宠物养成游戏，《任天狗》由任天堂王牌制作人宫本茂亲自操刀，一改以往同类游戏重复单调、缺乏代入感与操作机械的风格，充分利用了NDS上下双屏、可触摸操作的特点，极大地增加了游戏的趣味性、可玩性和互动性，使得玩家可以用触摸笔来抚摸自己的爱犬，利用麦克风来教给爱犬口令与动作，让爱犬记住自己的声音，用太阳镜、发卡、帽子和各种各样的饰品来把爱犬打扮得漂漂亮亮，甚至可以带它出去散步，让它与邻居家的狗狗互相交流，建立它自己的“社交圈”。

下面，就让我们来感受一下这款游戏的魅力吧。

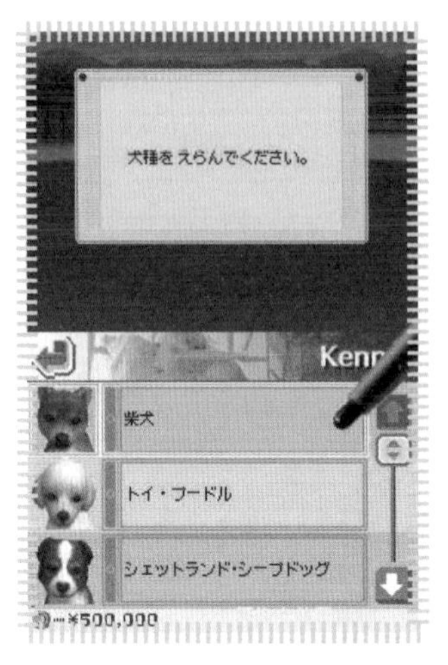

个性化的游戏设计

《任天狗》在日本地区分为3个版本出售，每版都包含多个犬种，譬如某一版的主题犬就是日本的国民狗狗——柴犬（为了迎合欧美地区的不同喜好，任天堂后期追加发行了欧洲与北美的专属版本），玩家可以根据自己的喜好在游戏初期选择不同品种的狗狗。

为了让玩家有更真实的体验，在《任天狗》里，你不但可以选择狗狗的性别、毛色、甚至是性格，当你把心爱的狗狗带回家以后，你还可以利用麦克风来给它取一个独一无二的名字，让它记住你的声音。这样以后，每当你对着屏幕喊出它的名字时，无论它当时正在做什么，都会立刻转过头，远远地向你跑过来噢！

同样，通过麦克风，你还可以教给狗狗各种动作，并且让它记住口令。但是和隔壁邻居小黑家的大黄一样，狗狗和你不熟悉时难免有些怕生，所以要从“坐下”“握手”这类简单的动作教起。而且当狗狗记不住的时候，一定要有耐心噢！

体贴细致的人机互动

作为一个爱犬人士，最重要的责任当然是要照顾好小狗：定时定量地喂给狗狗水和狗粮，偶尔再给狗狗点儿零食作奖励；用触摸笔来亲手给狗狗洗澡、梳理毛发；当然，还可以用各种各样的饰品把给狗狗打扮得漂漂亮亮的，带它出门时自然会吸引眼球，增加回头率。

如果让狗狗饿肚子的话，有一定几率会发生狗狗负气离家出走，去街上翻垃圾吃的“杯具”事件……就算此刻再将狗狗找回来，它对你的好感也会大幅下降，甚至连你喊它的名字时都不会搭理你……

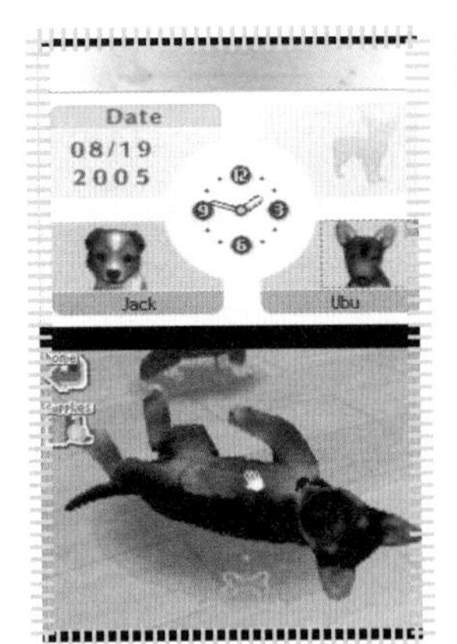

游戏与生活的完美结合

无论是游戏里还是生活中，爱犬人士每天必不可少的一项运动就是带狗狗出门散步或是去公园玩接飞盘了吧。游戏里有一处贴心的小设计：狗狗如果在街上便便，请务必记得要用垃圾袋将排泄物打扫起来扔掉，否则会遭到邻居们的投诉，希望养狗的朋友们在生活中也谨记这一点噢！

此外，或许是因为 20 世纪 90 年代第一代电子宠物盛行的时候，日本曾发生过某小学生因为自己养的电子小鸡寿终正寝而自杀的惨剧，所以在《任天狗》中，狗狗并不会长大，也不会死亡。可能这一设定本身只是针对低年龄玩家，所以会显得有点儿背离现实，但我们不得不承认，游戏与现实既紧密结合又不完全相同，这样反而更好地体现出任天堂设计这款游戏的初衷：带给玩家最简单的快乐。

虽然上面的介绍只是管中窥豹，但我们已经可以感受到那种最简单质朴的快乐，那种最接近现实的纯真。在这样一个紧张、快节奏、竞争激烈的社会，每天为生活、为工作而疲于奔命、压力山大的人们所渴求的，不正是这样一种无忧无虑、轻松快乐的简单幸福吗？

《任天狗》无疑向人们良好地传达了这一理念，使游戏打破了年龄、国家和语言的界限，将游戏与生活融合在一起，让玩家们可以在游戏中体验生活，在生活中回味游戏。

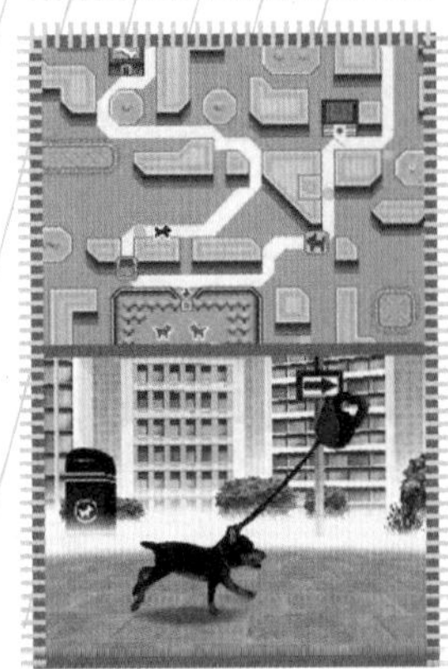

（仿佛就在那里的存在感）

すぐそこにいるかのような存在感

ふさふさとした毛並みの子犬や子猫たち。
しぐさや表情は、まるで目の前に存在しているかのようです。
毛茸茸的小狗小猫们。
那动作和表情，简直就像存在于眼前一般。

最后，在初代《任天狗》发布 6 年之后，任天堂在万众期待之下，于 2011 年春季发布了《任天狗》的正统续作——《任天猫狗》，游戏平台为新时代主机 3DS。游戏充分利用了 3DS 的裸眼 3D 机能，在视觉效果上有了质的飞跃，画面精细度大大增强，在 3D 机能的作用下，狗狗仿佛可以从屏幕中探出头来。

“养只狗狗吧！在你的手心里！在你的 NDS 里！”

百变战士与黄金配角

金鱼屋 / text
知日资料室 / picture

一提到“犬”，自然会让人联想起忠诚和勇敢来。作为人类的密友，它们常常陪伴在主人的身旁，或肩负各种工作任务，或充当宠物抚慰心灵。比起没什么战斗力的猫族，犬的天赋使得它们更适合厮杀。因此，漫画中的犬族有很多是以战士的形象出现的。与敌对战，所凭仅有口中之牙。如想取胜，当然得协同作战，讲究战术战策。

漫画家高桥广义的作品很多都是以犬为主人公。他的代表作《银牙——流星银》（『銀牙 - 流れ星 銀 -』）和《白色战士大和犬》（『白い戦士ヤマト』）都是这种飘散着血腥暴力的战斗系异色动物漫画。《银牙》于1983年开始在《少年跳跃》（『少年 Jump』）上连载，主人公是秋田犬小银。它是专门狩猎野熊的“熊犬”力基的儿子。因为父亲在猎杀恶魔一般的巨熊“赤红盔甲”时堕下山崖失踪，它被老猎人竹田五兵卫带回并加以严苛训练，培养为新一代的熊犬。犬与熊的战斗力相差非常悬殊，为了能战胜“赤红盔甲”，小银离开饲主，开始了南下北上的游历，为的是寻找能一起战斗的伙伴。一次次的生死较量，一次次的团聚分离，小银逐渐成为野犬群体的领袖，也成长为经验丰富的战士，与宿敌的最终对决也渐渐迫近……故事的发生地在野性的大自然与社会性的人类聚集地之间交替，既有温情的感情描写，也有生猛的动物对决，甚至犬族还有自己的大绝招“绝・天狼拔刀牙”，读起来实在是令人不忍释卷。1987年，这部作品获得第三十二回小学馆漫画奖，强劲的人气还催生出了两部续篇——以小银的儿子为主角的《银牙传说 WEED》（『銀牙伝説 WEED』）以及以小银的孙子为主角的《银牙传说 WEED 奥利安》（『銀牙伝説 WEED オリオン』）。子子孙孙，战斗依旧。

1984年开始连载的《神之犬》（『ブランカ』）是谷口治郎的作品。主角是一只叫作布兰卡的白犬。布兰卡并不是普通的犬，它是R共和国利用基因工程改造而来的战斗犬。虽然它的愿望就是回到饲主所在的纽约，可惜因为身份特殊，总有追兵袭来，欲取其性命。与《银牙》不同，谷口的画风偏向于写实，所以打斗画面干净利索，生动逼真，很有临场感。不过，比起这部“特工之战”，谷口更为出色的犬主题漫画是《养狗记》（『犬を飼う』）。这是一个关于临终老犬的短篇。一对年轻夫妇养了条狗，随着时光的流逝，这条狗渐渐上了年纪。“动物会逐渐地老去，人也是一样的。”作为故事的讲述人，老犬的饲主平静地记录着一条叫“达姆”的14岁老犬生命最后阶段的生存努力。肌肉渐渐萎缩，站立不稳；食欲减退，吞咽困难；然后是失禁、哀嚎、瘫痪。不能了解它需要什么，无法和它交谈，有心无力，还有不知何时才是尽头的看护。在短短10个月的时间里，饲主夫妇就这样心力交瘁地陪伴着他们的爱犬，直至它咽下最后一口气。短短几十页，在作者细密的表现力的构建下，生命之重跃然纸上。这近乎白描的真实打动了很多读者，对生命本身的尊重，对生死的认知和思考，都是这部作品所传达的深层含义。

1987年开始连载的《迷糊动物医生》（『動物のお医者さん』）是佐佐木伦子的代表作之一。单行本销量在日本超过了两千万册，2003年更是改编成了日剧。主人公西根公辉还是高中生的时候，H大学兽医学部的漆原教授硬塞给他一只小狗，还言之凿凿地预言：“你会成为兽医！”于是西根就这样被一语定终身，阴差阳错地就读于漆原门下，还养了只长了一张般若面孔的哈士奇犬。这只叫“巧比”的母犬性情温和，但因为它的长相略凶，总会搞得所到之处悲鸣不绝。即便与主人打闹嬉戏，也有围观群众惊呼“狗咬人啦”，实在是非常无辜。剧中为了成为兽医而努力学习的学生们性格各异，通过他们的目光所展现的校园日常更是新鲜有趣，毕竟大众对兽医这个职业并不十分了解。为了帮助母牛生产，大批学生像拔河一样把小牛犊拉出来；无论就诊的动物是什么病症，必定先动手剃毛的漆原教授；血压超低还痛觉迟钝的菱沼圣子前辈的恋爱烦恼和就业压力；西根家的强悍母猫三毛、战斗型老公鸡还有长爪沙鼠的就医遭遇……甚至因为养了只资质优秀的哈士奇，西根还参加了狗拉雪橇比赛。人气、口碑双丰收的同时，这部作品还引发了当时的哈士奇热。甚至剧中大学的原型——北海道大学兽医学部还成为高中生投考的热门选择。

如果说《迷糊动物医生》里的滑稽戏还只局限于冷幽默，到了《家有贱狗》（『バウ』）那里就是无厘头的搞笑了。TERRY 山本根据牛头㹴的形态创造出贱狗咆呜这一经典形象，左眼圈一轮黑框，似乎被人打了个直拳；一脸贱像，无忧无虑，每天惦记的就是吃喝玩乐。身边的人类再怎么忧愁烦闷，在它看来也都是些无足轻重的小事情，只要食物记得送上，它绝对不会去关心自己能做点儿什么。在漫画版中，幸福的贱狗找到了媳妇，还生了 4 只小狗。而海外传播度更高的动画版中，贱狗却乘着卡车离开了饲主犬神家。不过若干年后还是有人目击到贱狗过着洒脱的流浪犬生活就是了。

布浦翼笔下的“柴王”是一条真正的流浪犬。故事的整体构成类似公路片，读者跟随着柴王的脚步和视野，看到沿途不同的风景，遇见各式各样的人。所幸与这只小狗相遇的人还是心存善意者居多，最后柴王还遇到了一同踏上路途的“伙伴”，也就是它姗姗来迟的饲主。柴王是个勇敢的小家伙，它对人真诚，乐观努力。这种积极向上的态度很有感染力，读起来也会觉得心里暖洋洋的。所谓萌系小动物的治愈力，这部作品算得上是实证。

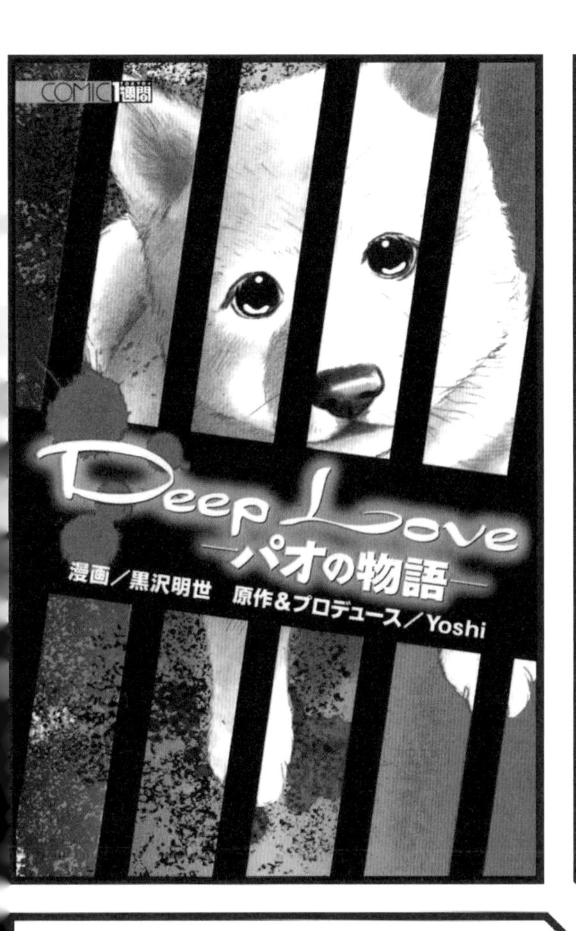

同样是流浪犬，《DeepLove-帕欧物语》（『DeepLove-パオの物語』）就残酷得多。漫画改编自小说家Yoshi的DeepLove系列小说第四部，特别版《帕欧物语》。流浪犬尼罗的脖子被人缠上了铁丝，无法进食，生命垂危。它被好心的姐妹俩收养，生下了3只幼犬。其中一只就是故事的主角帕欧。姐妹俩的父亲被骗破产，举家逃债。被丢下的母犬很快饿死，3只幼犬逃出后走散。帕欧被无家可归的老人梅婆婆收养，过着捡拾垃圾果腹的生活。梅婆婆被卡车撞成骨折，无法行走。为了帮助她，另外一位无家可归的老人竹爷爷拼命工作，却很快因为身染重病离世。无人照顾的梅婆婆很快也去世了，帕欧只好继续流浪。它在动物爱护协会见到姐姐被当作无主野狗处死，又在动物虐待者家中见到另外一个兄弟的染血的颈圈。逃出魔爪的帕欧被女高中生收养，陪着她经历了迷茫与困顿。Yoshi所表现的都是社会最底层人士的悲惨遭遇，漫画中对于流浪犬处置方式的描述也是真实的。虽然书评人对他的作品不置可否，但在十几岁的女性读者中却颇具好评。这部关于流浪犬的特别版发售之后，Yoshi还将部分收入捐赠给了动物保护志愿者团体。

这种对现实生活的无力也许是一种新的创作走向，类似的末路悲歌很快又出了一部大热作品——村上崇的《星守犬》（『星守る犬』）。故事的主人公“爸爸”是位失业又离婚的双失人士，身边只有秋田犬Happy为伴。带着寥寥无几的财产，开着旧车，一人一犬开始了最后的旅途。爸爸帮助了流浪少年，却被对方窃走了钱包。Happy生病，爸爸倾其所有给它动手术。最后主人因为重病离世，爱犬也追随而去，结局很是悲凉。这部作品虽未获得官方的漫画奖项，却得到多项民间票选推荐。2011年更是改编为真人电影，上映两天，票房便斩获一亿四千万日元。同一年推出的漫画续篇还交代了几位配角的经历。偷钱包的流浪少年找到了自己的外公，随他一起寻找被自己偷窃的店铺，一一赔礼道歉。孤僻的老婆婆备下安眠药打算了断残生，却为了一只纤弱的小病狗而打消念头。与前作的无奈和悲哀相比，续篇多了一些温暖和救赎，留下了更多的希望。

あとがき

在其他有犬登场的漫画中，即便它们不是主角，也会是一个片段，一个印记，一段难以忘怀的回忆。

最著名的龙套犬应该是《蜡笔小新》（『クレヨンしんちゃん』）中的小白。主人是喜欢和大姐姐搭讪的5岁幼儿园学生，没事还能表演下“大象大象，你的鼻子为什么那么长”。有这样的饲主，自然就多了不少隐性风险。打破东西被推出来当替罪羊自然没得跑，毕竟狗不会说话，辩解不了。小白不仅非常认命，还在小新的教导下学会了各种特技。比如，蜷成一团扮棉花糖，或者伸出前爪“抓小鸡鸡”。但如果遇到猛犬，小白就完全没有战斗力了。

比小白还惨的是《贫穷贵公子》（『山田太郎ものがたり』）里的矢岛。饲主如果是一户赤贫家庭就够悲哀的了，更可怕的是一家长相俊美的人类对着自己闪动着星星眼，大流口水。上有一对不靠谱的父母，下有9个嗷嗷待哺的弟妹，主人公山田太郎只好开动脑筋备点儿储备粮。流浪犬矢岛就这样被他捡回了家，因为红毛狗看上去很美味。被命运作弄的矢岛屡次逃离，屡次被抓回，甚至因为听到山田弟妹们“我们会好好地把你吃到尸骨无存”的“安慰”而掉毛。

漫画也是一些犬种的推介渠道。天才男和笨蛋女谈恋爱的《淘气小亲亲》（又译《一吻定情》）曾经多次真人化，人气不衰。入江直树家里养了只叫作“小小”的圣伯纳犬。为了博得对方好感，怕狗的相原琴子谎称自己非常喜欢狗，被她的意中人无情作弄。虽然名字叫作“小小”，但圣伯纳可是名副其实的巨型工作犬。很快就发育得硕大无比的“小小”着实把女主人公吓得不轻。好在住在一起，很快也就混熟了。圣诞节，娇小的琴子和巨大的“小小”翩翩起舞，让很多读者忍俊不禁。

高桥留美子的作品里常常出现犬的形象。《犬夜叉》的主角就是犬妖之子，而女主角戈薇降伏它的咒语也是驯狗的口令——“坐下”。《专务之犬》（『専務の犬』）里，上司强迫小职员暂时收养自己的金毛，因为自家淘气的儿子在金毛的脸上画了两道浓眉而不得不答应下来。这狗还非常会“看人下菜碟”，完全不把小职员当回事。直至主人公奋起保护自己的家庭，这狗才墙头草一般地倒向他。

《一刻公寓》（『めぞん一刻』）里，女主人公响子养了一条叫“惣一郎”的狗。因为呼唤其前夫名字的时候，这狗也有反应，所以以其名字命名。它的存在总是提醒着男主人公五代，自己所爱之人曾经的刻骨铭心。《乱马 ½》（『らんま ½』）里，大路痴响良牙家的母犬白黑生了一窝小狗。于是他邀请自己暗恋的天道茜来家里看小狗，借以亲近。心生嫉妒的乱马扮成女孩，谎称自己是良牙的妹妹，借机捣乱。这位叫白黑的家犬非常醒目，身体的颜色纵向一分为二，毛色半黑半白。它还肩负着给响家路痴带路的重任，堪称忠犬楷模。2013年高桥最新的短篇系列作品也是以犬为题材，《我的 Sky》（『私のスカイ』），讲述去世后的老犬以老人形象帮助主人完成心愿的故事。

荒川弘同样喜欢狗，她的作品里也有不少犬族角色。《钢之炼金术师》（『鋼の錬金術師』）里，温莉家的狗戴恩也装着机械铠，当爱德华和他弟弟阿尔冯斯最后返回故乡时，阿尔冯斯曾经的身躯——那副盔甲被煅烧再利用。戴恩偷偷拿走了头盔，给草丛里的一窝小鸟筑巢。既留下了一个纪念，也是很有意义的使用方式，可见这狗相当睿智。而霍克艾中尉饲养的黑疾风号，更是在主人的枪弹教育下成长为优秀的战士。实战的时候，即便对手是人造人也毫不手软。《百姓贵族》（『百姓貴族』）的绝对主人公是彪悍的北海道农民，战天斗地，辛苦耕作。所以荒川在作品中自豪地炫耀：“没水喝，怎么不喝牛奶”。本着不劳不食的原则，农家的人畜都得干活。荒川农场的狗虽然都是些普通的土狗，却拥有堪比喵星人的捕鼠技能。最新作《银之匙 Silver Spoon》（『銀の匙 Silver Spoon』）的主人公八轩勇吾在清扫垃圾时捡到了一只小狗，收养在学校的马术部，狗粮问题由它自己卖萌解决。名字本来是“（马术部）副部长之狗”，很快被同学们改唤成更加霸气的“副部长”，成为马术部吉祥物一样的存在。

漫画巨匠手冢治虫也非常喜爱犬。他的早期作品中还有一部以犬为主角的 SF 漫画——《冲天灵犬》（『フライングベン』）。主角是兄妹 3 只犬，都是智商极高的超能犬。因为性格不同，它们各自选择了截然不同的前进道路。有坚守正义的，也有误入歧途的。而最小的妹妹，具备的却是人类也很难做到的奉献品德。这部作品中既有狂野大自然里的冒险行，也有藏宝图阴谋的探险游，非常引人入胜。而主角两只犬兄弟的最终决斗，更是夹杂着难言的恩怨情仇，很是催泪。另外一部医学漫画《怪医黑杰克》（『ブラック・ジャック』）中，还有一位令人印象深刻的“狗扒手”。黑杰克和皮诺可搭救了一只因为夺人雨伞而被追赶的老犬。结果这只犬屡教不改，犬类选美赛的时候也偷，

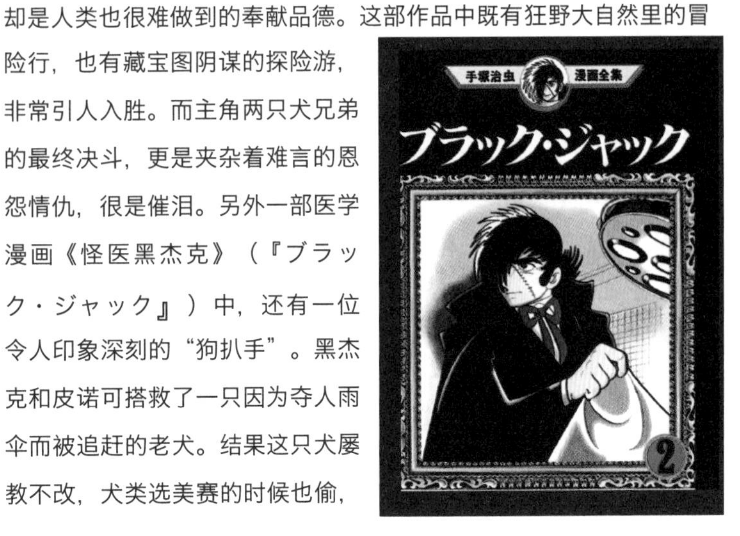

主人黑杰克的东西也偷。气愤的黑杰克追出门外，命令它把偷来的东西放回原处。老老实实返回的老犬却因地震而葬身断壁残垣之下。此时黑杰克才恍然大悟：偷行人的雨伞，是为了让对方躲过掉落的钢筋；偷选美评审员的东西，是为了让他们逃出即将倒塌的棚架；而夺主人的东西，自然是为了让对方逃生。犬无法与人类交流，它选择用这种方式帮助人类，换来的却是深深的误解。

《七龙珠》里同样有醒目的犬族出镜。初代短笛大魔王妄图统治世界的时候，特别去威胁管理整个地球的国王让位。这位国王就是一位犬族老爹。老爹非常勇敢，电视演讲时改换台词，请求有能力之人阻止暴行，完全将生死置之度外。

希腊神话中的地狱看门犬活灵活现地出现在《圣斗士星矢》中。星矢和瞬进入冥界之后看到了一只巨大的三头怪兽正在拼命吞吃亡者，它就是刻耳柏洛斯。可惜这三头怪完全不是圣斗士的对手，很快便被打翻在地。

《竹光侍》中的犬更像是象征符号。在人斩木久地真之介的心境中，吠叫的犬应被斩杀，绽放血红的生命之花。而主人公濑能宗一郎身边有只年迈的黑犬，它总是邀请一起厮混的黑猫和它一起远离江户的血腥，去追寻梦中的瀑布美景。遗憾的是，直到它死去也未成行。长屋善良的住客为它叹息，生死无常，譬如朝露。

2013 年《JOJO 奇妙的冒险》动画化，很多人都想看到第三部《星尘斗士》。这一部开始，荒木飞吕彦引入了替身能力，更具看点。与空条承太郎等一起战斗的伙伴中，有一条小狗极其夺人眼球。它就是波士顿㹴“伊基”。伊基本来被养在大富之家，因为藐视人类的愚蠢而离家出走，其后更是凭借自身能力成为纽约野犬王。它生性潇洒，自由自在，只愿与母犬谈谈恋爱，平静度日。被卷入战斗中之后，伊基也会尽可能规避危险，可遇到喜欢狗的小孩，却不愿不救。它拥有叫“愚者”的替身，能够同化并控制沙子，能力很强。决战时伊基为了救助同伴而死，很是仁义。作者荒木飞吕彦也非常喜爱它，原画展的宣传海报上，陪在空条承太郎身边的，就是它小小的身影。

程西 / text
知日资料室 / picture

CM大明星

白户家的お父さん

日本的CM【commercial message，在日本特指电视广告，而广义的"CM"则包含电视、电影、网络上的广告影片，需要区别的时候，则改称"CF"（commercial film）】以隽永细腻、贴近生活、充满人情味、画面浪漫唯美、带有很强的民俗文化特色而著称。不但能使消费者与之产生共鸣，创造出一个个不可复制的销售奇迹，而且留下了丰富的经典案例，供后来者观摩研究、创新超越。在这期关于犬的特集中，要隆重为大家介绍一位日本CM中家喻户晓的犬明星——白户家的お父さん（爸爸），和成就お父さん的这一系列日本广告。

話ができるお父さん!?
白戸CG郎
ver 0.1
初次见面，
我是CG郎。
はじめまして、
CG郎です。

白户家是在软银移动广告中登场的一个设定的家族。随着一系列诙谐幽默、温馨浪漫的白户家生活短片的播出，人们在潜移默化中了解到软银的家庭、学生优惠通话套餐活动。出乎意料的剧情牢牢锁住人们的目光，使人们充满好奇地等待剧情的发展，不断补充、修正对白户家人们的前世今生的猜测。广告从2007年6月播出以来，拍摄突破了两百次，可谓最长寿、拍得最多的系列广告之一。2008年该广告获得ACC总务大臣奖，由CM综合研究所主持的2007年度CM明星好感度调查显示，饰演お父さん的小海（海君）在艺人部门超越了人类，名列榜首。小海在短短的几年内出书、拍电影、拍电视、与当红的偶像明星合作，一时间风头无二。走在繁华的东京街头，时不时能跟广告牌上的お父さん打个招呼，人们也热衷于收集各种新出的お父さん周边产品。

饰演お父さん的小海是2003年出生在北海道的地地道道的北海道犬，因此取名叫“海”。同胞出生的还有妹妹奈奈（ネネ）和弟弟保罗（ポロ）。小海自从出演NHK晨间连续剧《天花》（2004年）和TBS连续剧《里见八犬传》（2006年）时，开始积攒人气，到2007年加盟软银的系列广告《白户家的人们》，饰演变身为犬的父亲白户次郎而一举成名。身为一家之主，小海扮演的父亲顽固保守，充满正义感，害怕孤单，有点小梦想，有点小温情，像极了传统日式家庭里的爸爸形象。因为变身为犬，又多了几分滑稽。令人称绝的是，小海的表情和口型与剧情配合得天衣无缝。不过，据爆料，有些小海不擅长的场景是由长相毫无二致的妹妹奈奈代替演出的。

广告中白户家人物的设定让人忍俊不禁，甚至有些无厘头。

白狗爸爸，本名白户次郎，年龄大约六十来岁，职业是ホワイト学割（white 学割是软银针对学生推出的优惠套餐的名字，处处是广告啊）高中的老师，因早年留学法国，精通法语。通篇没有交代爸爸为什么变成狗，这个问题也似乎变成了禁忌，当女儿阿彩问及时，他就用“任何事情都有它的理由”或者“你要了解还早得很”来搪塞。看来要知道爸爸的内情，不知道还要继续看多少个系列广告呢。

妈妈（樋口可南子饰）是一位优雅的知性女性，在ホワイト学割高中担任校长，也就是爸爸的上司。生活中不免对丈夫有些严厉，但是对婆婆和孩子们很善解人意、宽容温和。

女儿阿彩（上户彩饰）是软银的店员，谈着远距离恋爱，讨厌爸爸的啰唆，是一个时尚可爱的现代女孩。

儿子小次郎【非洲裔美国人丹特・喀瓦（Dante Carver）】某天突然变成黑人，原因不明，被妈妈说像奥巴马，爱吐槽。

另外还有出身高贵、思想开放的**奶奶**（若尾文子饰），和比奶奶年轻 50 岁的耍酷浪漫的**新爷爷**（松田翔太饰），新的系列广告中不断有当红明星以新的角色加入进来，使故事更加丰满有趣。

お父さん

ある理由で犬に姿を変えられてしまった。
その理由は今はわからない。
姿は変わっても家族を愛している。

因为某个理由变身为犬。
那个理由至今不明。
即使变成犬也爱着家人。

北国、箱根、青森、鹿儿岛……广告的拍摄地点几乎纵横了整个日本，还有海外旅行的设定，甚至直接送お父さん去了外太空观望地球，地点的变换不断给观众以新鲜感。故事围绕着核心角色大胆展开，常常让人意外地开怀一笑，领略一下日式的幽默和温情。温泉、和服、日料、餐馆……浓浓的日式风情恐怕最能引起日本人的思乡之情，这与广告宣传家族套餐的目的不谋而合。Smap、滨崎步、松田翔太……不断加盟的豪华明星阵容也牢牢抓住人们的眼球。这些都是这个长寿系列广告的成功之处，怪不得软银的竞争对手也忍不住想挖墙角和妄图模仿。

开播 5 年多来，小海也迎来了生命中的第 9 个年头，相当于人的 60 多岁。在这些年里，它也经历了相亲、结婚、生子等重要的事情，也偶有传闻说它已经过劳死。但不管怎样，小海依然以お父さん的形象活跃在白户家的生活中，给人们增加了一些茶余饭后的笑料和治愈之感。人们未必叫得出お父さん的真名，但就像渥美清饰演的寅次郎一样，只让人们记住角色的名字，恐怕就是演员最大的成功了吧。

小海简历

别名	お父さん
犬种	北海道犬、雄性
生日	2003 年 10 月 10 日
星座	天秤座
体重	15kg
体长	50cm
故乡	北海道勇払郡
喜欢的食物	香肠、三文鱼、黄瓜
妻子	北海道犬ピリカ和灯希奈（ときな）
子女	与ピリカ生有两子，与灯希奈生有三子

CM 软银白户家お父さん白户次郎
《读卖新闻》（同上，2008 年末 ~2009 年正月）

TV 2004 年 NHK 晨间连续剧《天花》
2006 年 TBS 连续剧《里见八犬传》
2010 年 朝日电视台《临场　第二季》第五话

DVD 《小海日和》
《小海百草物语》

书 2008 年 《小海的自言自语》
2008 年 《小海的自言自语 2》
2008 年 《白户家お父さん的秘密》

王亚婕 / text
知日资料室 / picture

小狗当家

犬类专属杂志

《愛犬の友》

可以被称作是在日本发行的犬杂志中的元老级刊物。1952年创刊的这本杂志，60多年来一直发挥着牵系人与犬的桥梁的作用。这本杂志的特点就是广泛而全面，是一本面面俱到的综合犬杂志。从每期的内容上就可见一斑，不仅必有育犬攻略、狗狗摄影这些最基本的元素，而且非常关注与犬相关的文化历史、动物保护方面的内容。该杂志的目光不只停留在日本境内的犬，还非常积极地获取最新最热的海外犬的动态。或许也正是因为这本杂志追求全面的宗旨，书中也刊登了不少与犬相关的各种产品、行业、活动等广告信息，但这对于爱犬的朋友们来说究竟是利还是弊也难以简单做出判断。总之，这本“老字号”的犬杂志还是会继续作为育犬人士的知心朋友，为大家提供百科全书般的海量信息。

《WAN》

这本杂志光凭可爱的名字就能吸引一大批爱犬人士，“WAN”是日语中表示狗叫声“ワン”的罗马音拼写。该杂志的与众不同之处在于，每一期都会以介绍某一特色犬种为主线，打造一本有关该犬种的主题特集。而且这本杂志更贴近生活，每集都会刊载许多主人与犬一起生活的文字和图片记录，它的宣传语就是“犬と暮らす毎日（与犬共同生活的每一天）”。可以说现如今，在家里饲养爱犬已经成为一种潮流，但是大多数追逐这股潮流的人都并不是只把犬当作玩伴，而是把它们视为家中的一名重要成员，与它们一起营造温暖的家庭生活。《WAN》一直都在坚持从人与犬一起生活的琐碎细节中，挖掘出许多喜怒哀乐的小情绪，并与读者一起分享。

《Shi-Ba》

这是一本专门介绍柴犬的杂志。柴犬被誉为最能体现日本人精神的本土犬种。日语中的柴犬写作“しば犬”，简称“しば”，罗马音就是“shiba”。柴犬看起来虽然很普通，但是它们却有着属于自己的鲜明个性，而且它们长期占据着日本饲养犬种数量最多的宝座。即使是在小型洋犬于日本大受欢迎的今天，柴犬也毫无疑问地被视作犬中焦点。《Shi-Ba》正是精准地抓住这一切入点，在众多犬杂志中独树一帜。这本杂志打破“日本犬＝看门犬”这一陈旧僵化的形象，主张“日本犬＝伙伴犬”的概念，在书中着重介绍新颖的育犬风格和方式，通过对养犬人士的实际采访来和读者分享许多新鲜有趣的养犬经验。该杂志还设立了通过柴犬来介绍日本民族文化和传统工艺的栏目，这种积极创新的编辑理念诞生出的独特视角，也会为喜欢狗狗的大家带来许多新的启发。

Hiroshi Yoda / picture courtesy
王亚婕 / editor

Architecture for Dogs

为汪星人设计住宅

「Architecture for Dogs」是由无印良品的艺术总监原研哉先生于2012年成立的一个创意项目。该项目共邀请了13位来自世界各地的建筑师，为小狗打造专属于它们的「汪星人住宅」。这些设计师们通过日常的细心观察，为不同种类的小狗设计出了不同的建筑结构，也旨在通过该项目，能够让人类与小狗共享一种新形式的和谐互动空间。

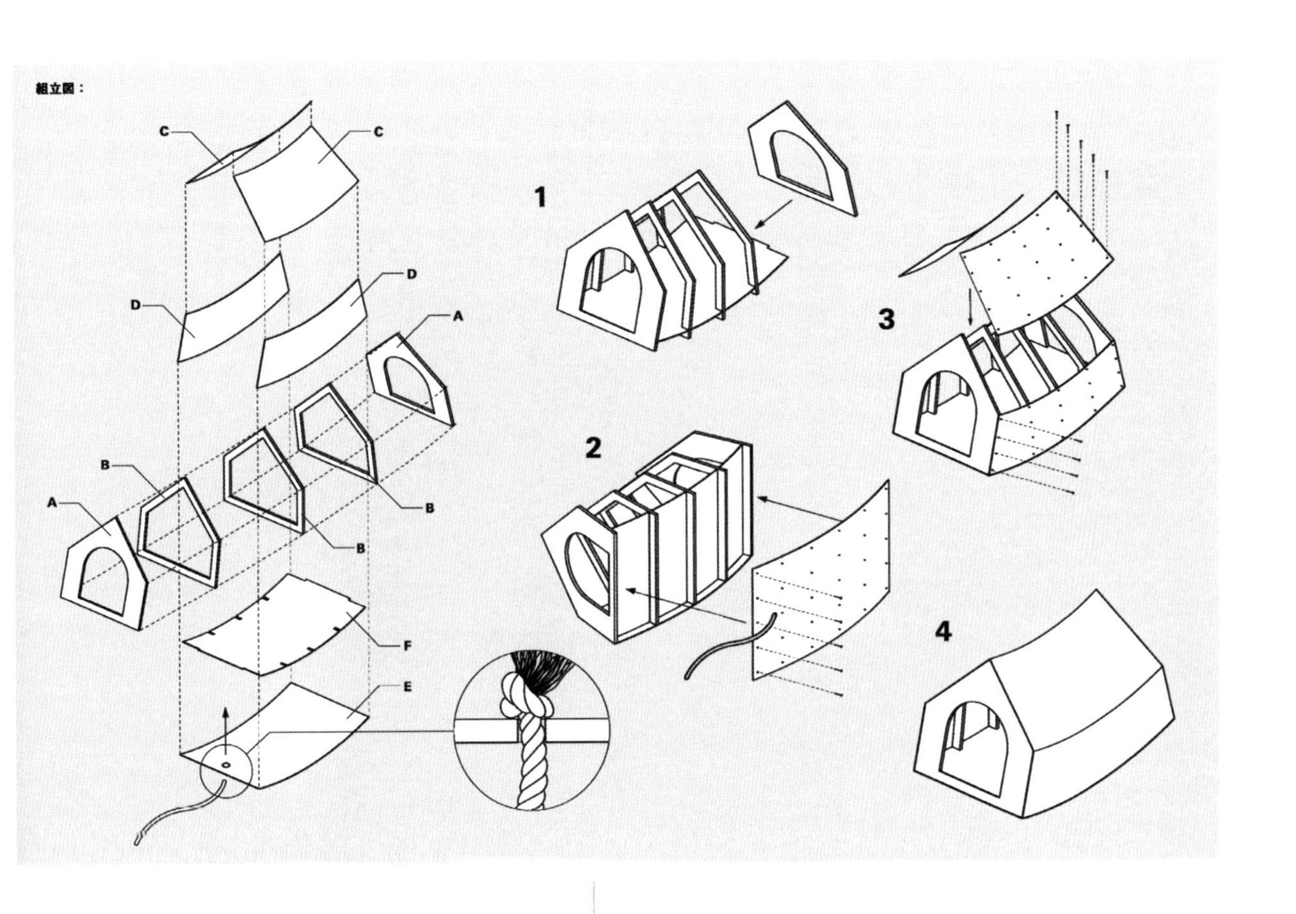

由MVRDV为比格犬设计。这座弧形小窝，既可以作为比格犬的娱乐场所，又可以成为它的栖身摇椅。每当活泼好动的比格犬进出小窝时，都会使小窝发生小小的位移。系在上面的绳子还有助于主人挪动小窝。

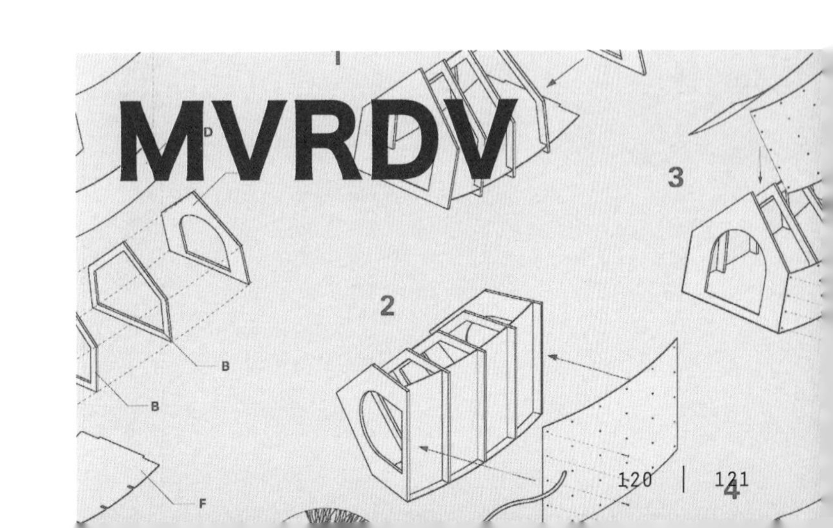

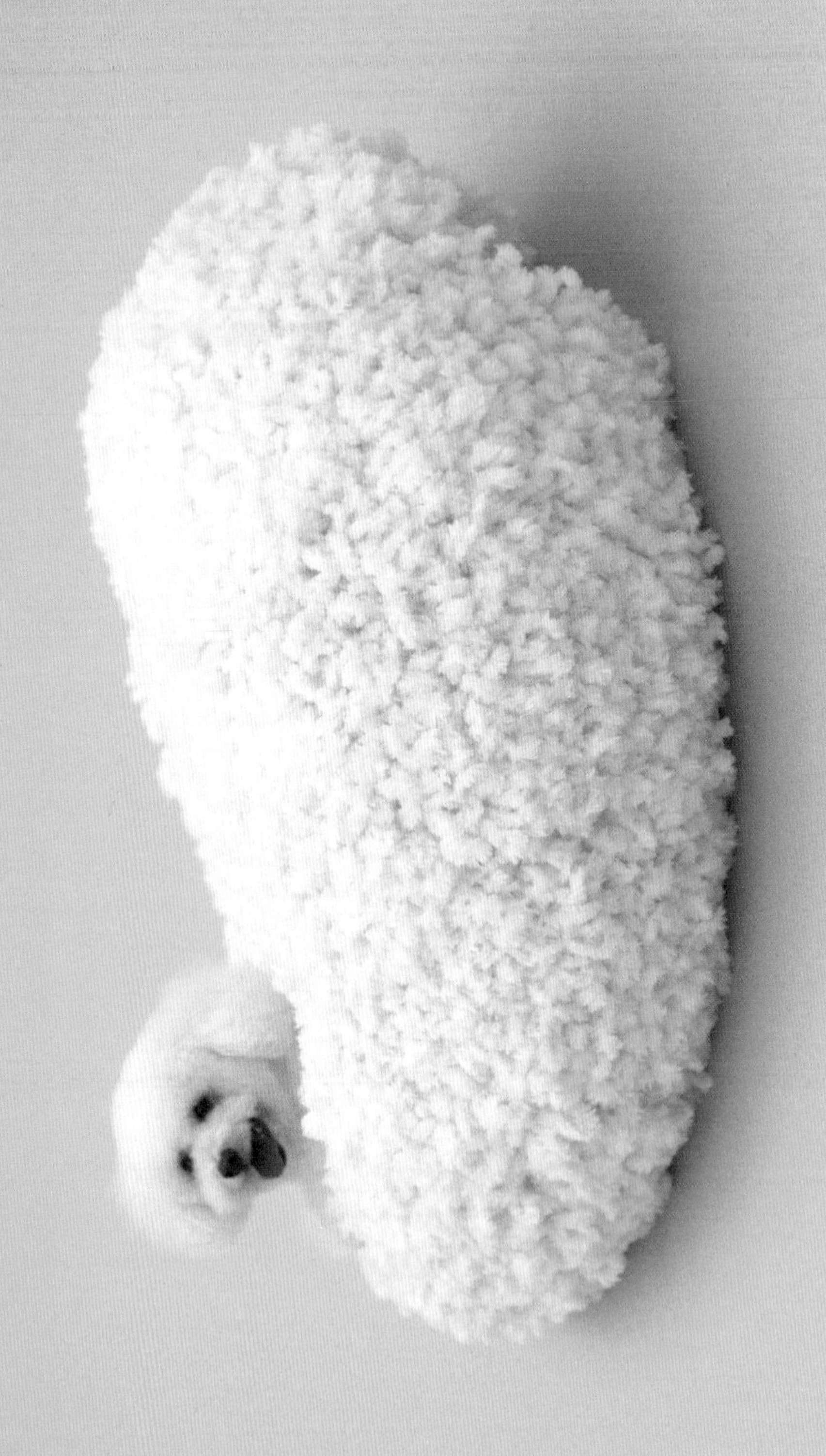

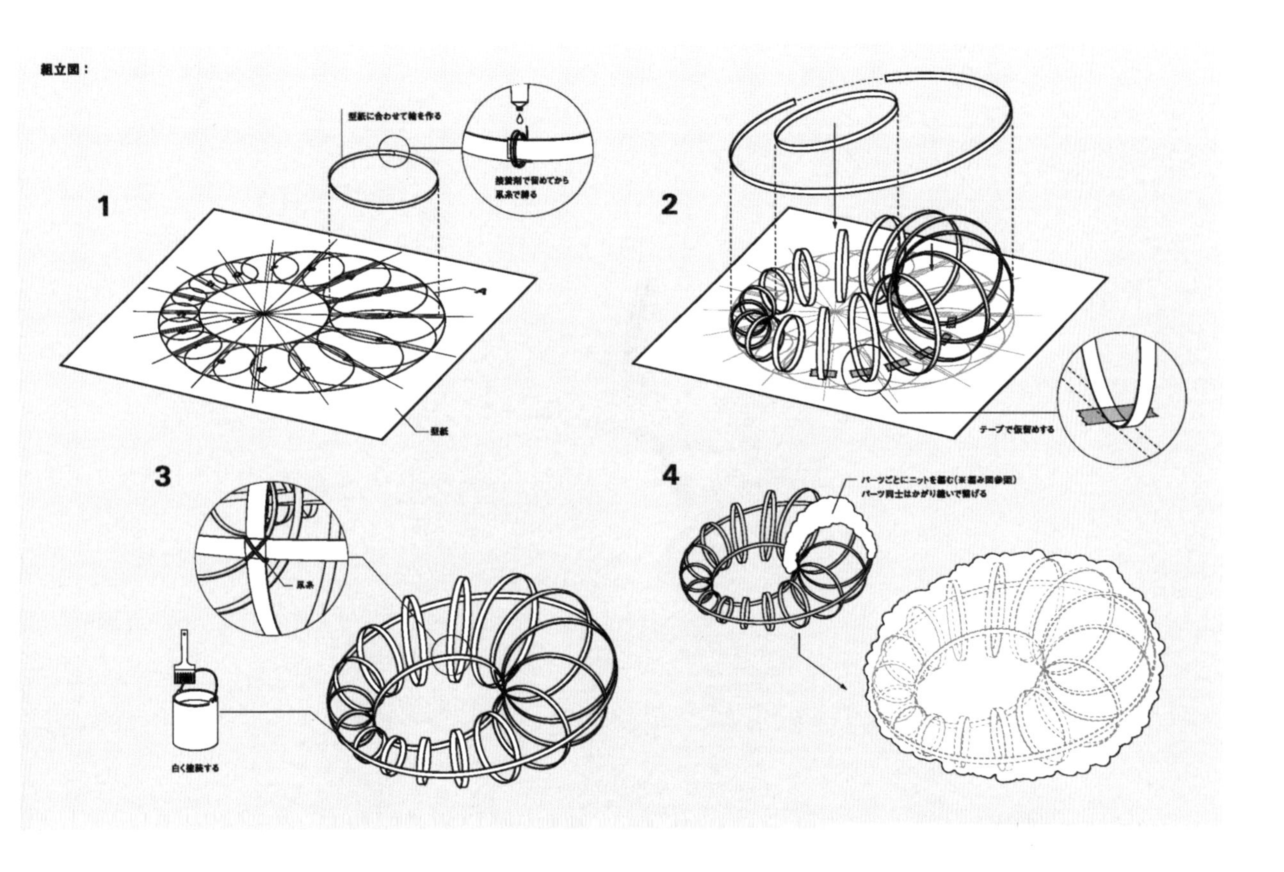
組立図：
1
型紙に合わせて輪を作る
接着剤で留めてから
凧糸で縛る
型紙
2
テープで仮留めする
3
凧糸
白く塗装する
4
パーツごとにニットを編む(※編み図参照)
パーツ同士はかがり縫いで繋げる

由 KAZUYO SEJIMA 为卷毛比熊犬设计。比熊犬极白、柔软、蓬松，像一大团棉花糖，又像一朵洁白的云。设计师为它设计的这款住宅如同更大号的比熊犬，让它能随时感觉到和同伴依偎般的温暖安心，以达到「狗屋合一」的效果。

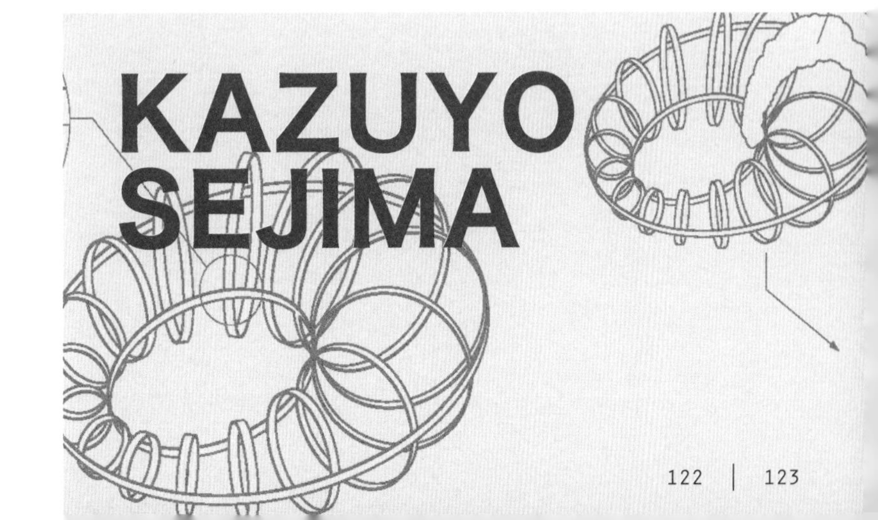
KAZUYO
SEJIMA

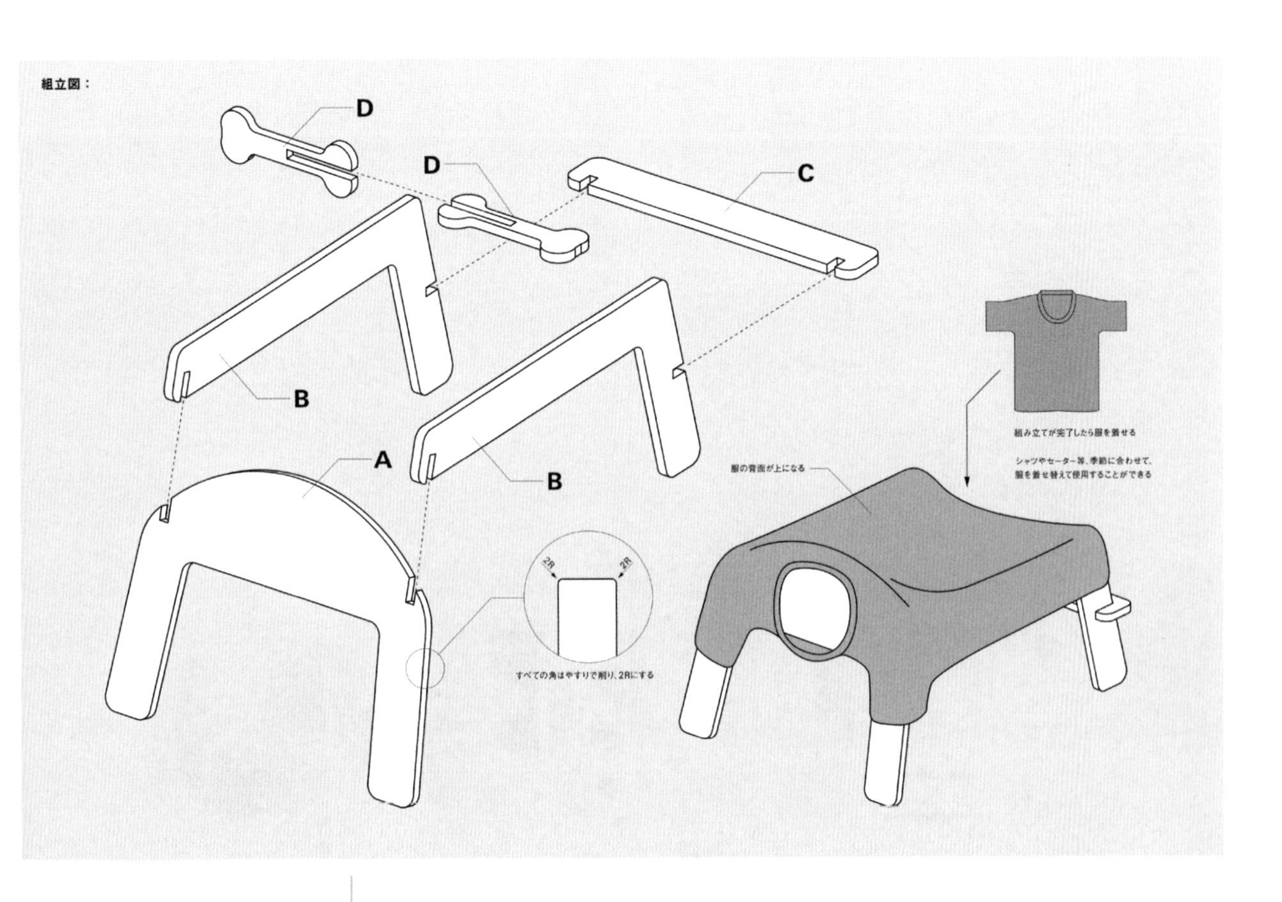

組立図：
D
D
C
B
B
A
2R
2R
すべての角はやすりで削り，2Rにする
服の背面が上になる
組み立てが完了したら服を着せる
シャツやセーター等，季節に合わせて、
服を着せ替えて使用することができる

由TORAFU ARCHITECTS为杰克拉西尔㹴犬设计。设计师注意到小狗们喜欢穿主人的衣服，据说是由于纯棉衣服的质感和散发出的味道会使小狗感到放松。这激发出设计师利用主人的衣服来创作的灵感。将旧衣服套在木质的框架上，就变成了一张舒适的狗狗吊床。这款设计还可以根据季节和温度来替换不同材质、不同厚度的衣服。

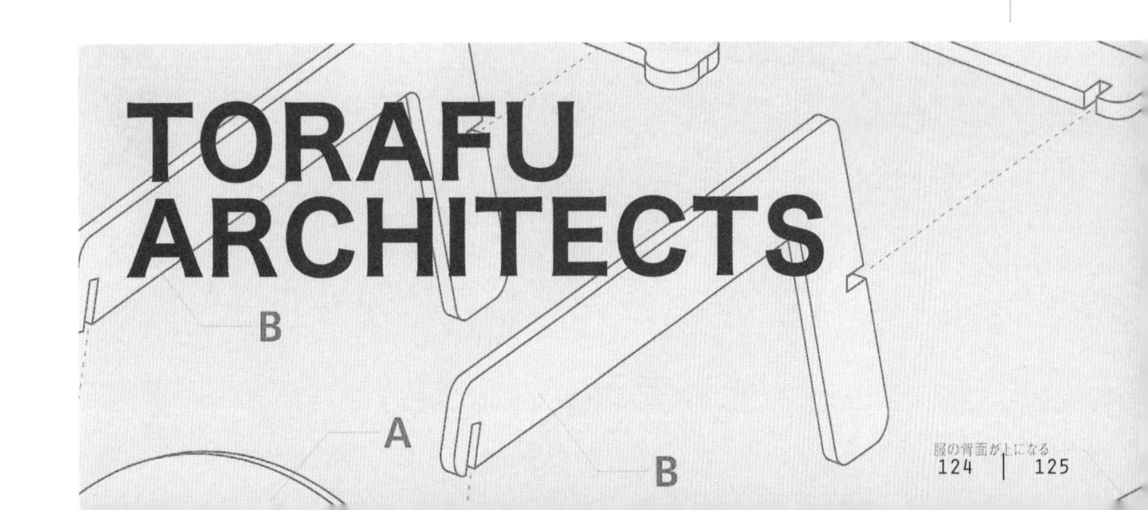

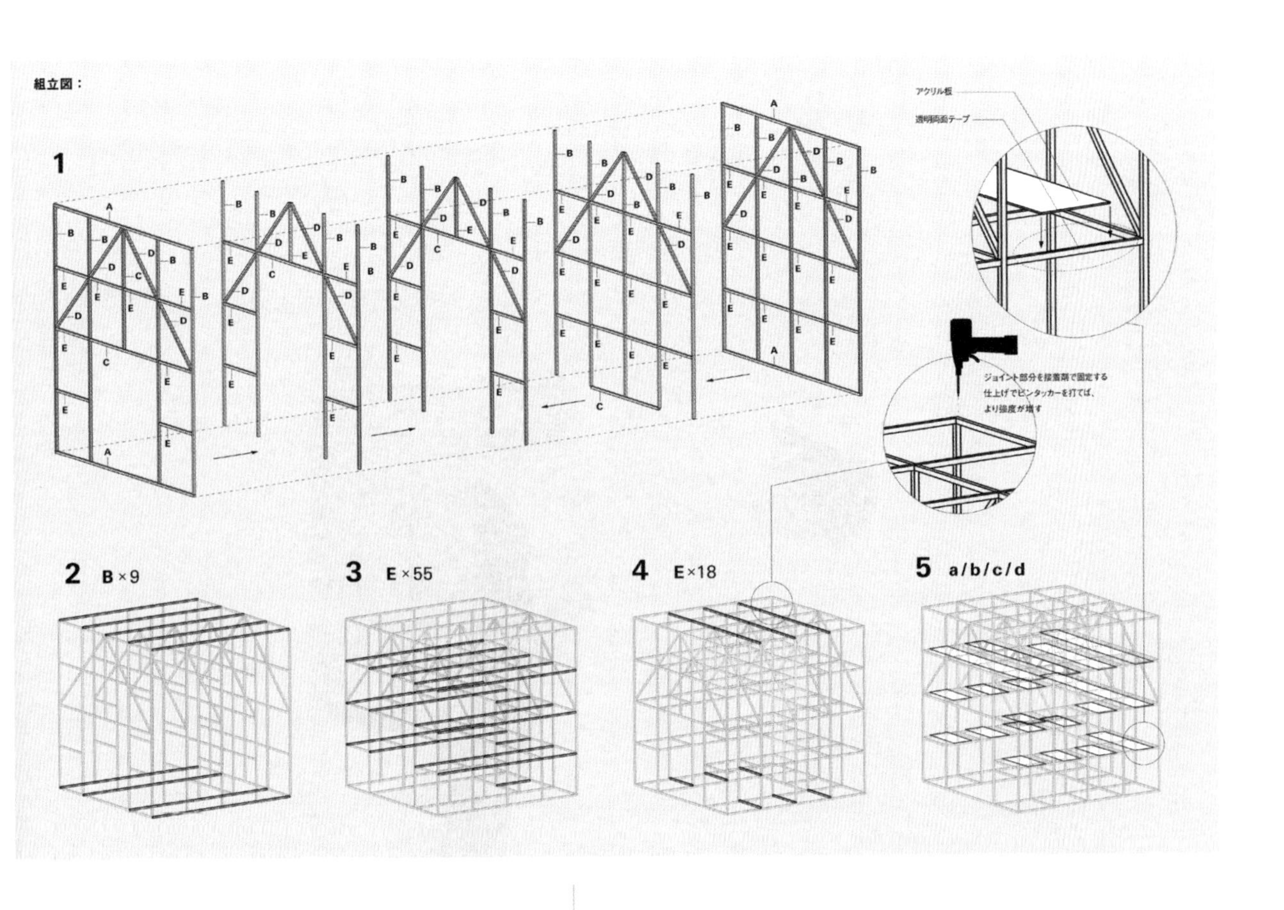

由SOU FUJIMOTO为波士顿犬设计。这款设计既可以是小狗的后花园，又可以是主人放置在家中的一件摆设。设计师的意图是能够创造一个场所让小狗和主人共享空间及物品，并保持完美的平衡。

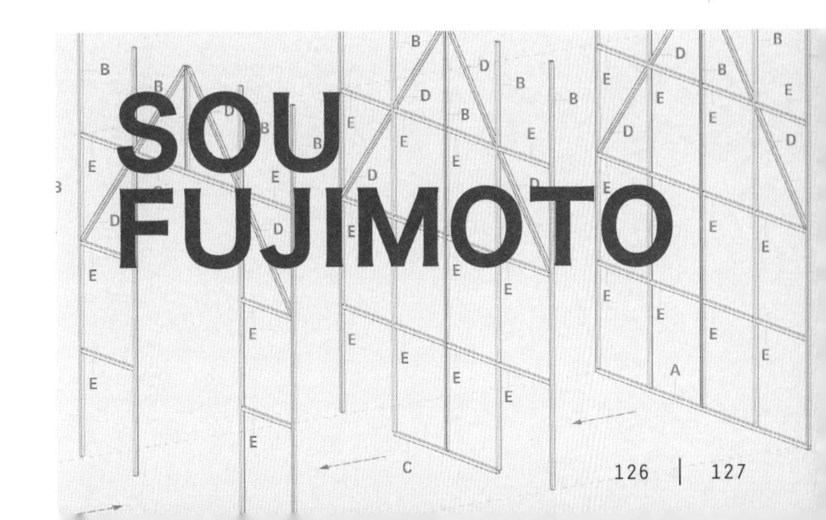

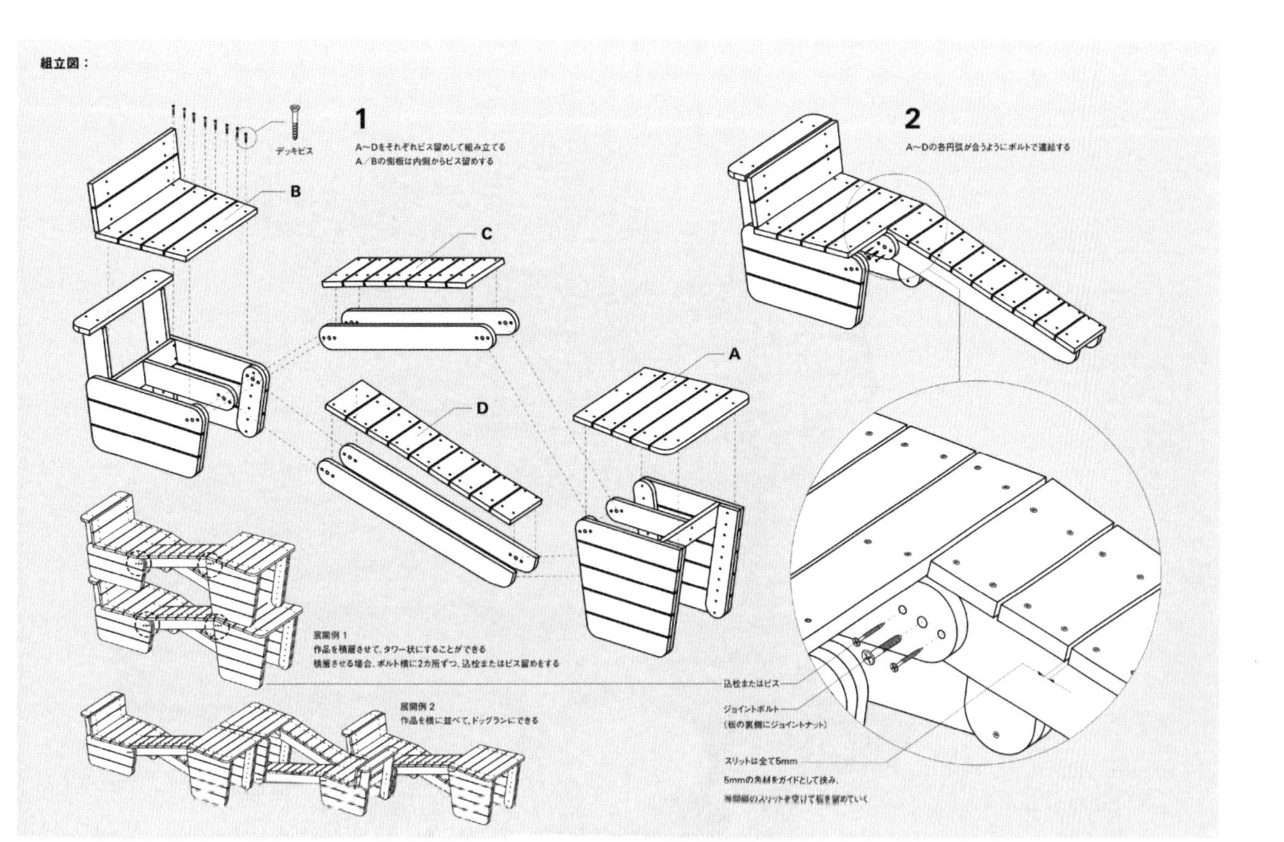
組立図：
デッキビス
1
A～Dをそれぞれビス留めして組み立てる
A／Bの側板は内側からビス留めする
B
C
D
A
2
A～Dの各円弧が合うようにボルトで連結する
展開例 1
作品を積層させて、タワー状にすることができる
積層させる場合、ボルト横に2カ所ずつ、込栓またはビス留めをする
展開例 2
作品を横に並べて、ドッグランにできる
込栓またはビス
ジョイントボルト
(板の裏側にジョイントナット)
スリットは全て5mm
5mmの角材をガイドとして挟み、
スリットを空けて板を留めていく

由ATELIER BOW-WOW为短毛腊肠犬设计。由于短毛腊肠犬腿比较短，所以它们平时很难和主人进行近距离的眼神交流。且短毛腊肠犬身形较长，大幅度的跳跃又容易使它们的背部受伤。这款类似折叠斜坡的设计就可以解决这些问题。设计师将其长度设计成也同样适合人类倚靠的尺寸，这样主人就可以和狗狗「促膝长谈」，共度美好时光了。

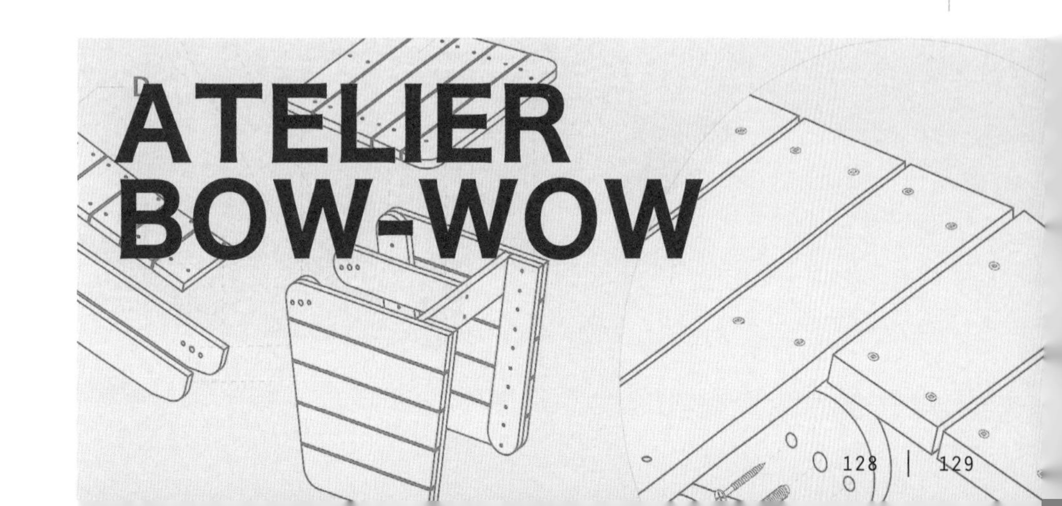
D
ATELIER
BOW-WOW

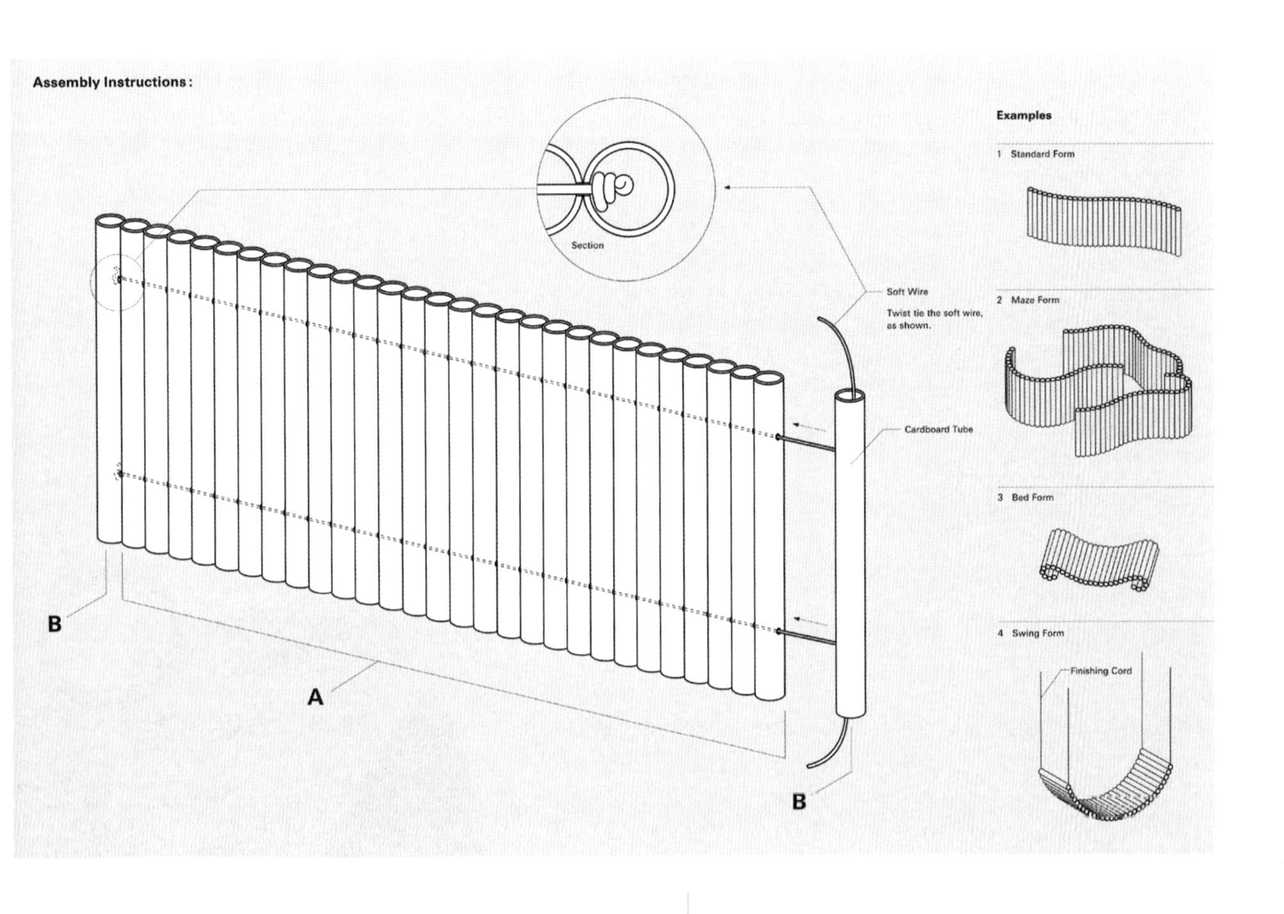

由 SHIGERU BAN 为蝴蝶犬设计。利用黏合在一起的圆柱形纸管为狗狗打造出私人空间，既环保，又随意多变。

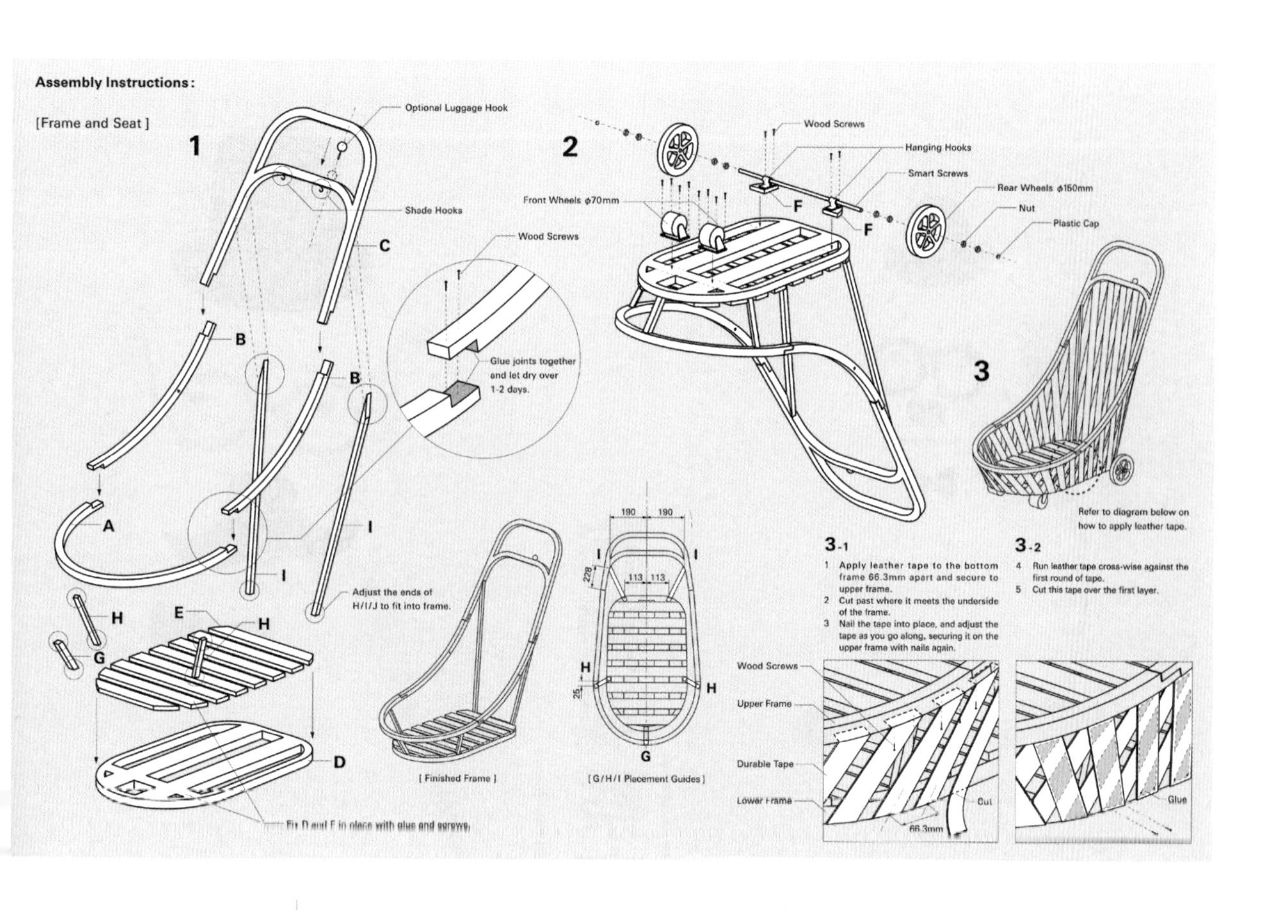

Assembly Instructions:
[Frame and Seat]
1
Optional Luggage Hook
Shade Hooks
C
B
B
A
I
I
Adjust the ends of H/I/J to fit into frame.
H
G
E
H
D
Fix D and E in place with glue and screws.
Wood Screws
Glue joints together and let dry over 1-2 days.
[Finished Frame]
190 190
113 113
228
25
[G/H/I Placement Guides]
2
Wood Screws
Hanging Hooks
Smart Screws
Front Wheels ϕ70mm
Rear Wheels ϕ150mm
Nut
Plastic Cap
F
F
3
Refer to diagram below on how to apply leather tape.
3-1
1 Apply leather tape to the bottom frame 66.3mm apart and secure to upper frame.
2 Cut past where it meets the underside of the frame.
3 Nail the tape into place, and adjust the tape as you go along, securing it on the upper frame with nails again.
3-2
4 Run leather tape cross-wise against the first round of tape.
5 Cut this tape over the first layer.
Wood Screws
Upper Frame
Durable Tape
Lower Frame
Cut
66.3mm
Glue

由TOYO ITO为柴犬设计。考虑到小狗们很享受每天和主人一起外出散步的时光，于是设计了这款散步专用狗屋。这座狗屋的构造其实非常简单，在足够通风透气的木制篮下面固定几个小轮，在篮里铺一层柔软舒适的绒垫，内在上面安装好可以防晒遮雨的篷布。此外，考虑周到的设计师还将篮口的高度尽可能降低，以方便小狗上下进出。

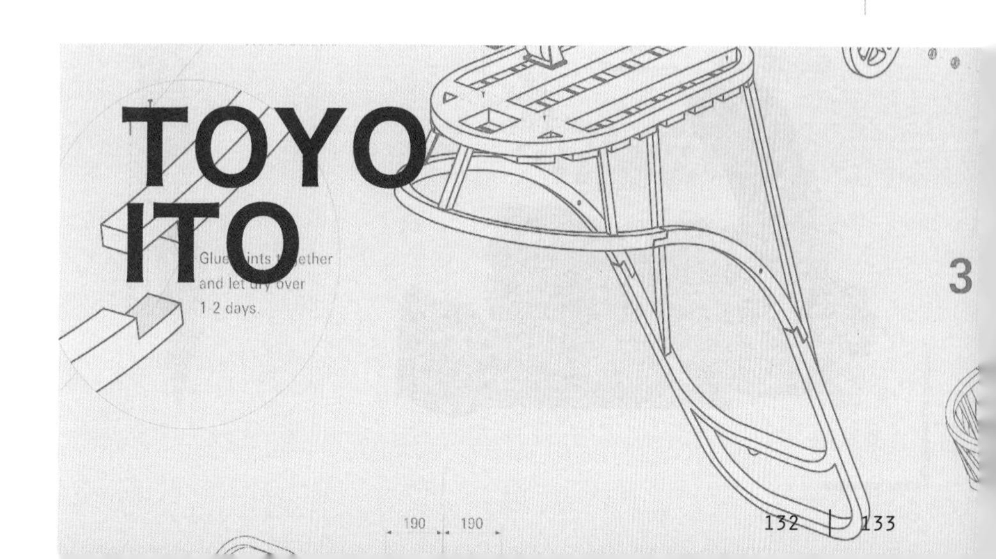

TOYO ITO
Glue joints together and let dry over 1-2 days.
3
190 190
132 | 133

狗狗观察家的童话王国

铃木衣津子 / illustration & photo courtesy
徐绿 / interview & text

狗绅士

狗绅士

狗淑女

狗花花公子

铃木衣津子

http://itsukosuzu.exblog.jp/

当编辑部希望铃木衣津子提供本人照片的时候，她发来了一张用狗狗插画遮住脸的照片。这位1981年出生的新兴插画家的形象几乎完全和狗联系在一起，并且她十分喜欢这种关联性。她所创作的“Painting”和“Collage”系列作品将狗完全拟人化，她说，画纸里面是另一个世界。

与日本国内许多插画家类似，铃木衣津子对绘画的喜爱是从漫画开始的。因为喜欢漫画，从小她便经常模仿推崇的漫画家的作品。后来，渐渐长大的她知道了“插画家”这种职业。“我想将自己一直全身心投入的爱好变成事业。”她这么说道。

然而，成为一名独当一面的插画家并非一件容易的事。2002年，铃木衣津子进入一家设计事务所，成为了一名平面设计师。她认为，对插画家而言，与创作活动相比，养成站在插画使用方的角度进行思维的意识也十分重要。

[Collage 系列] 彩色纸、圆珠笔

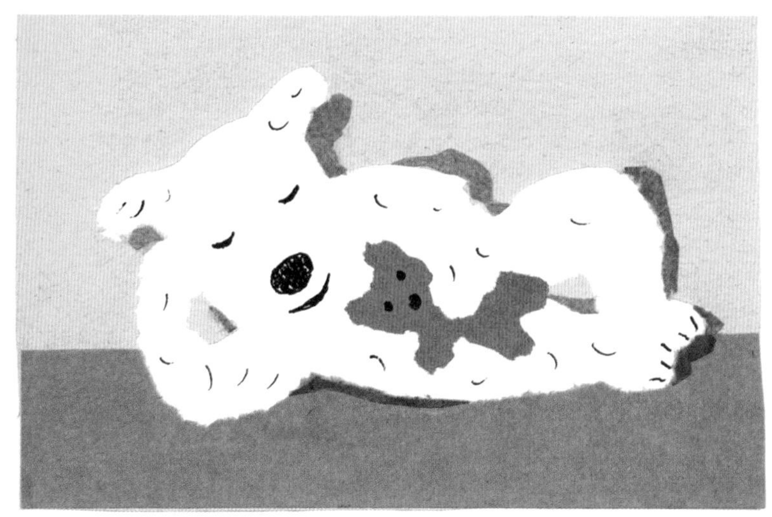

打盹儿

在设计事务所里，她主要从事促销相关的设计工作，从设计宣传单和产品包装的大量经验中培养自己的美感和设计感。

2008年，铃木衣津子的插画作品入选了第七届东京插画家协会（Tokyo Illustrators Society，简称TIS）公募活动。虽然最终没有得奖，不过这似乎给她带来了自信心。第二年，她继续参加各类插画比赛，最终入选了第十届Illust Note“Note展”，并在PATER'S Shop and Gallery Competition 2009中得到四位评委中两位的赏识，其中作家夏石铃子名下的候选作品中，她与另外一人的作品仅次于当选者的分数。

Voyage

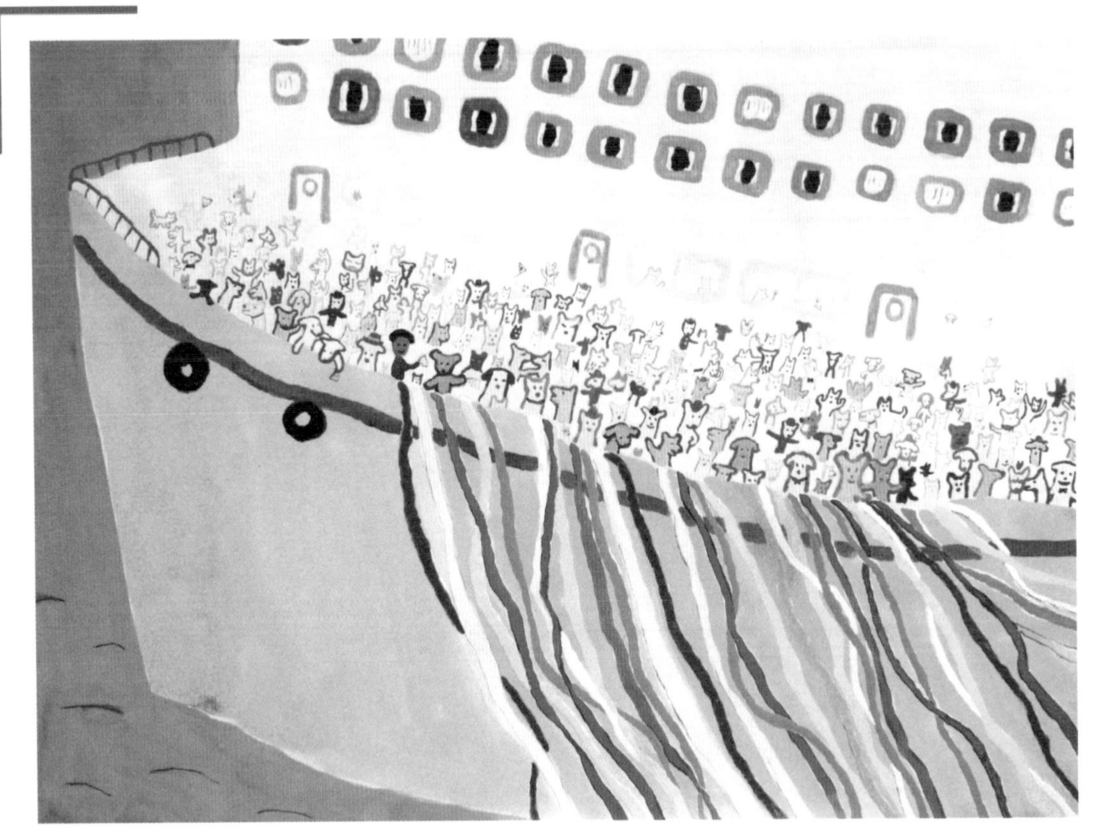

Fight

夜间飞行

1 2 3 4

[Painting 系列] 丙烯、彩铅

1_Music Point
2_Moon
3_ 回声
4_ 通话
5_ 犬草

与此同时，铃木衣津子开始参加各类展览会。她认为，对于如何客观看待自己的作品，从而让自己的创作变得越来越好，参加展览会是很好的锻炼方式。她不仅展览自己的画作，还制作环保袋、零钱包、玩偶等，积极尝试各种各样的创作方式。在挑战新创作方式的同时，铃木衣津子也在不断巩固自己的绘画基础。2011 年，她在 Illustration 青山塾的素描科进修了一段时间，广泛地学习从人物速写到自由创作等各方面的绘画技巧。在那个班级里，学生们会进行现场命题创作，并得到即时点评。

现在，铃木衣津子主要在为儿童图书和社科类读物绘制插画，去年即在 NHK 教育节目《大科学实验》集结出版的同名图书中，以节目中出现的狗为原型，绘制了大量以狗和其他动物为形象的可爱插图。

有人称铃木衣津子为“治愈系插画家”。铃木衣津子说，就像狗狗能抚慰人们的心灵一般，她想创作出让人的内心变得更加温柔的作品。她的作品总是色彩斑斓，每一幅都是一个温馨的小故事。在这一幅画里，狗狗们齐心协力修建自己的家园，在另一幅画里，它们乘着轮船与人类结伴去旅行。它们会运动、装扮，甚至打架，看着这些作品，似乎就能远远望见内烯颜料和彩色铅笔交错构建出的画纸背后，插画家内心那个恢宏的童话王国。

上 _ 甜点
下 _ 可喜可贺

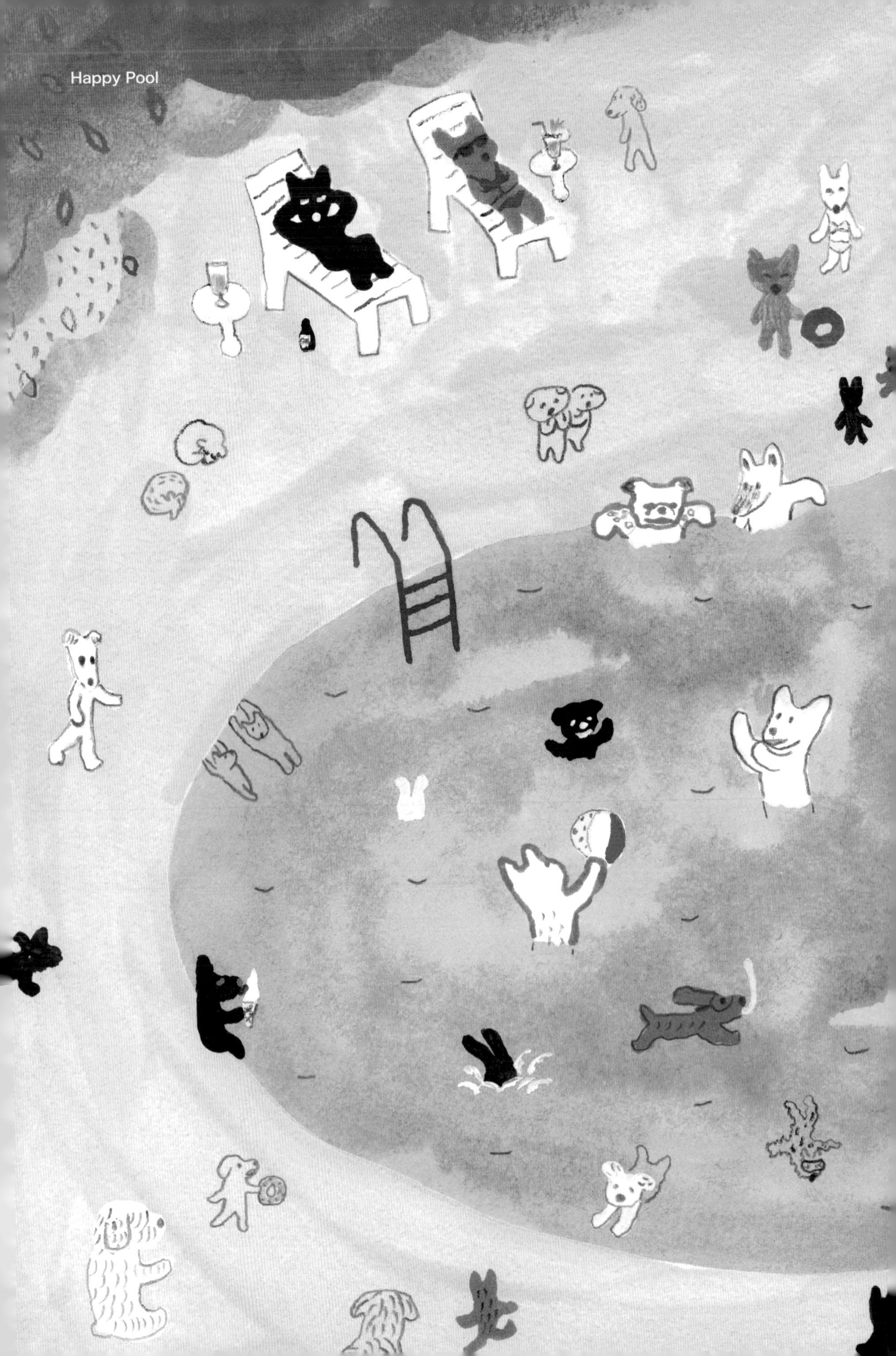
Happy Pool

[Dog Portrait 系列] 丙烯、彩铅

以狗为主题的作品似乎占据了您作品中的大部分，为什么这么喜欢狗呢？
为什么喜欢？……其实我自己也不太清楚，只能说它们真的好可爱。只要一见到它们，我就觉得心都要融化了。狗对我来说有一种不可思议的力量，能让我忘记一切不开心的事情。

您在“Painting”和“Collage”系列作品中创作了不少狗狗与其他动物（及人）的群体像，请问您的创作动机是什么？
我想营造出一种“一张画即是一个绘本”的故事感，想画出能够让人产生想去那个世界看看的趣味盎然的作品。

您不仅展览过画作，还曾尝试制作过狗狗环保袋和狗狗玩偶，也在博客上发过狗狗漫画，是什么原因让您保持创作的活力和热情呢？
不拘泥于单一的表现手法和题材，只要不断地尝试各种新事物，就能遇见许许多多的新发现。我觉得这样的方式能够激活整体的创作灵感，让所有作品都变得更好。

您最喜欢自己哪幅作品？请跟读者分享一下自己觉得最有趣的一幅作品。
要选出一张最有趣的作品是很困难的，不过我个人最喜欢“Painting”系列。特别是狗狗们在游泳池里游泳的那幅作品，我在作画的时候，一边描绘着每只狗狗开心的模样，一边好像真的能听见它们吵吵嚷嚷的声音，真的很有趣。

接下来打算创作怎样的作品？
最近我主要在尝试剪贴画的创作，但是是用上色的方式进行的。当然，其他的创作方式也会继续研究的。

您的创作原则或者说坚持的风格是什么？
我希望能创作出让人们看了之后内心会变得愉悦而温柔的作品。

您画了一系列的“Dog Portrait”，怎么想到画这个的呢？在这个系列中，您最喜欢哪个品种呢？
这是为了展览会而创作的系列作品，展览会的主题是“Daily”，所以我画了日常生活中觉得很可爱的狗狗们的肖像。在这些当中我最喜欢西施犬和玛尔济斯犬吧，它们那种傻乎乎的表情很可爱。

您曾经养过两只猎兔犬，现在还在养吗？可以和我们分享一下养狗的故事吗？
很可惜，以前老家养的那两只猎兔犬现在已经去世了。很有趣的是，虽然它们是一对父子，性格却完全不一样。不过，它们都很喜欢散步，以前我曾经和它们去完全陌生的小路深处探险，这些事情对我来说真的是很美好的回忆。现在我并没有养狗，虽然我很希望能够和狗一起生活，但是因为公寓不能养狗……所以，我每天都会去公园里遛狗的广场上观察各种狗。

铃木衣津子制作的狗玩偶，在纸黏土上用丙烯颜料上色而成。
从最下端开始按顺时针方向依次是：杂种犬、巴哥犬、达尔马提亚犬、杰克拉西尔㹴、猎兔犬、西伯利亚雪橇犬、博美犬、腊肠犬，中间是可卡猎鹬犬。

杂种犬玩偶

可卡猎鹬犬玩偶

《BAMBOO SHOOT》

1

4

2

5

3

6

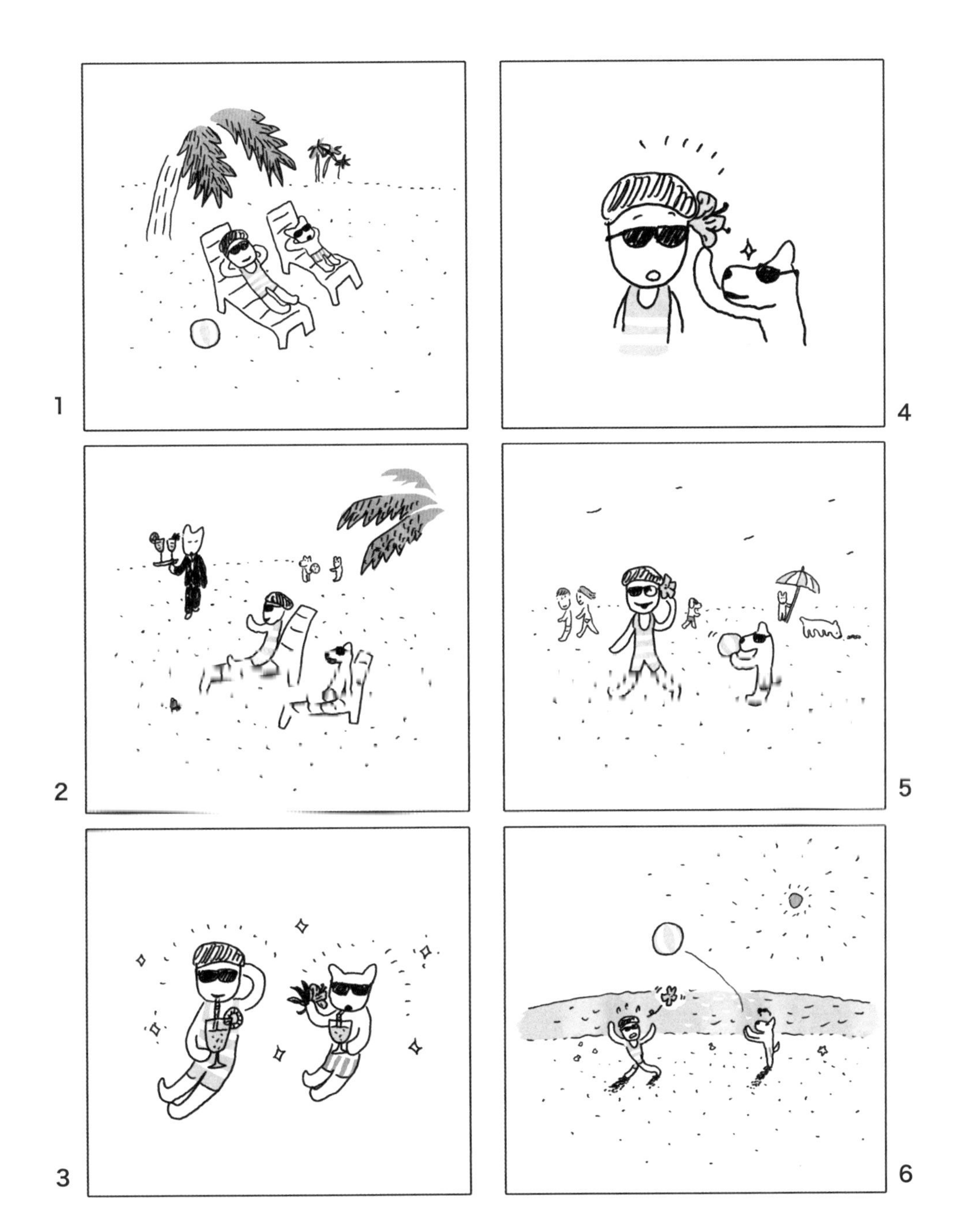

《SUMMER TIME》

《WINTER TIME》

冬天出门真是神清气爽啊
特别是早上

连掉在地上的东西都有冬天的气息……

来来，给你冬天里掉在地上的东西～

狗狗发烧了
1
身体怎么样？
2
这种时候应该做一些易消化的东西……
3
总之，先把狗狗爱吃的东西切细
香菇
橘子
甜甜圈
白饭
意粉
蒸芋头
纳豆
苹果
干笋
4
最后撒上牛肉干……

5

6

7

9

日本最强

《八犬传》及其浮世绘

江户时代后期诞生了一部伟大的关于犬的文学作品——《南总里见八犬传》（简称《八犬传》）。这部作品共有98卷、106册，出场人物多达400多人，是日本古典文学史上最长的鸿篇巨制。作者曲亭马琴 花费28年，从鼎盛壮年（1814年）一直写到垂暮老年（1842年），撰写期间不幸失明，但仍坚持由儿媳妇阿路（お路）笔录自己的口述完成，可谓毕生心血凝聚其中。

作者曾不无感慨地说道："知我者唯有其《八犬传》乎？不知我者亦唯有其《八犬传》乎？"把《八犬传》视为珍宝的同时也隐隐为其能否得到世人的理解而担忧。值得欣慰的是，这本书在当世和后世都得到了肯定和赞誉。据说当时"书贾雕工日踵其门，待成一纸刻一纸；成一篇刻一篇。万册立售，远迩争睹"；后世也不断地在这套读本（相当于传奇小说，主要描写一些历史故事和神话传说等）的基础上将其改编成剧本、电影、电视，以及动漫，演绎出新的精彩故事。

| 程茜 / text
| 知日资料室 / picture

仁

犬江亲兵卫仁（いぬえ しんべえ まさし），持有『仁』字宝珠的勇士

熟悉《八犬传》的读者可以发现其中到处都是我国明清通俗小说的影子。曲亭马琴从少年时代就开始广泛涉猎中国的《水浒传》《三国演义》《封神演义》等通俗小说，并认真研究了明清小说家的创作理念和经验，将之运用到属于自己的日本本土故事的创作中。他的小说结构庞大，人物众多，情节曲折，文辞瑰丽，把读本创作推向新的高度。

《八犬传》的故事发生在日本的乱世——室町时代后期，也就是战国时代。这是个群雄争霸、武士活跃的年代，武士的侠义之道自然是马琴刻画的重点，并且加入了深刻影响江户民众心理的佛教因果报应、惩恶扬善的主张。马琴不单是简单地翻案、借鉴明清小说，还加入了奇特大胆的想象和极富日本特色的元素。

义

犬川庄助义任（いぬかわ そうすけ よしとう），持有『义』字宝珠的勇士

礼

犬村 大角 礼仪（いぬむら だいかく まさのり），持有『礼』字宝珠的勇士

如同《水浒传》中天上108天罡地煞星宿转世成为人间的108个豪杰英雄，《八犬传》中由108颗念珠串成的水晶项链中飞散出的八颗大珠，转世为8名武士。这串珠子的主人是安房领主里见义实的女儿伏姬公主，由于受到玉梓（里见义实处死的山下定包的小妾）死前的诅咒，被自己饲养的身上有8颗牡丹痣的爱犬八房带到深山中，以夫妻的名义生活在一起。伏姬一直拒绝与八房同寝，八房被玉梓的怨灵附身，虽然被伏姬念经净化，但八房的“气”使伏姬怀上了身孕。某日伏姬被偶遇的仙童告知怀有畜生的孩子，羞愤自杀，剖腹的瞬间肚中的“气”与佩戴的写有“仁、义、礼、智、忠、信、孝、悌”八字的念珠结合，飞向四面八方。公主去世后，关八州（现在的关东地区）各地陆续有8个天生身上长有牡丹形痣的年轻人出生，他们的姓氏中都有个“犬”字，各自背负着不同的命运安排，这就是故事的主角——八犬士。

马琴把“仁、义、礼、智、忠、信、孝、悌”8种儒家美德赋予了八犬士，犬在他的心目中是这些文字所彰显的各种美德的化身，这与自古以来在人们心目中形成的忠心护主、有情有义的犬的形象是一致的。在长达264年的江户时代中，武士们早就脱离了能一展身手的战场，比起骁勇善战、舞刀弄枪，将军、大名更重视武士在和平年代的道德修养。在儒家思想一统天下的德川时代，幕府对武士的要求也不外乎这八种美德。故事中的八犬士各自背负着一种与本身所持美德相违背的悲剧命运，被迫背井离乡踏上流浪之途，在各自曲折的遭遇中战胜命运，成全自我。

智

犬阪毛野胤智（いぬざかけの たねとも），持有『智』字宝珠的勇士

忠

犬山道节忠与（いぬやまどうせつ ただとも），持有『忠』字宝珠的勇士

生活在岛国的犬与猫相比，其境遇和人们对其的态度本身就具有戏剧性，犬也是在不断坚持自我优点的过程中受到人们的认可和信赖，这在某种程度上与八犬士的曲折命运不谋而合。日本的读者们似乎对这种人犬结婚、以犬喻人的设定没有多大的违和感，这与中国传统观念里贬低狗的价值取向还是有明显区别的。

信

人饲 现八 信道（いぬかい げんぱち のぶみち），持有『信』字宝珠的勇士

孝

犬冢 信乃 戍孝（いぬづか しの もりたか），持有『孝』字宝珠的勇士

悌

犬田 小文吾 悌顺（いぬた こぶんご やすより），持有『悌』字宝珠的勇士

同时代堪称鬼才的浮世绘师歌川国芳 ，同样深受《水浒传》的影响，在因创作《通俗水浒传豪杰百八人》而声名大振、晋升为名绘师之后，继续以更为夸张细腻的手法，以日本本土传说故事中的英雄为主角，创作了《本朝水浒传刚勇八百人一个》系列锦画，其中就有八犬士生动鲜活的形象，这也是《八犬传》流传最广、影响最为深远的图像。《八犬传》当时受欢迎的程度、在人们心目中的形象由此可见一斑。

也叫泷泽马琴（1767 ～ 1848 年），江户时代最出名的畅销小说家。代表作有《月冰奇缘》《椿说弓张月》等，是日本历史上第一个靠稿费生活的职业作家。

1798~1861 年，号一勇斋、朝樱楼，江户时代人，1827 年开始创作著名的《通俗水浒传豪杰百八人》系列。19 世纪 30 年代早期工于山水，40 年代创作了大量的美人绘和武者绘，是歌川派晚期的大师之一。

张泓瑶 / text
HAL / photo

摄影师 HAL

100% 纯净的情侣 & 100% 纯粹的爱情

《Flesh Love》

HAL

本名川口晴彦，东京人。
主要以情侣为拍摄对象。
主要作品：
《Pinky & Killer》（2004）
《Pinky & Killer DX》（2007）
《Couple Jam》（2009）
《Flesh Love》（2011）
凭借《Flesh Love》获得美国圣迭戈国际摄影大赛一等奖。

1

Q：您开始摄影的契机是什么？

A：我十几岁的时候是那种连和朋友在一起玩都不拍照片的人，应该说生活在和摄影距离很远的世界里。20岁之后，我开始去国外旅行，主要就是去了中国、印度，还有中东地区的亚洲国家。漫步在这些国家的集市中，看着异国的风景，我受到了强烈的文化冲击。也就是在这时我有了想把这些景象拍摄、保存下来的冲动，所以才开始了摄影活动。开始摄影之后，我发现这项工作有一个很方便的地方，就是即使是面对不认识的陌生人，也有了可以上前轻松搭话的好借口。就这样，在旅行途中也可以交到新的朋友。

2

Q：我听闻您平常也做广告摄影师的工作，对您来说，广告摄影师HAL和自由摄影师HAL有什么不同吗？

A：广告摄影的工作要和很多的专业人士进行合作，以共同完成一件作品为目标，同时也要达到让客户满意的目的。但另一方面，作为一个艺术家我要考虑的是，如何把自己创作的作品，例如《Flesh Love》这样的系列作品，做得更加强有力。我一边这样思考一边进行创作。在某种意义上，这是一份孤独的工作。我认为我是在通过同时进行这两种不同的工作，来寻找自己的平衡。

3

Q：您是从什么时候开始把“情侣”作为主要拍摄对象的呢？为什么要拍摄情侣呢？

A：我本来是在白天拍摄的工作比较多。但后来广告的工作越来越忙，就只有在夜间进行自由拍摄了。夜间，我主要在酒吧、Live House、俱乐部一类的场所进行拍摄。在这些地方我觉得最有意思的拍摄对象就是情侣。因为和独自前往的人不一样，情侣们会相互谈笑，会有亲密的动作，会吵架等等，总之就是富有戏剧性，拍摄起来很有趣。有的情侣因为被人举着相机对着会觉得难为情而分开站起来。但也有热恋中的情侣完全不在意周围的环境，黏在一起。我就是在那个时候意识到，如何把那种时刻两个人黏在一起的感觉表现出来是拍摄情侣的要点。换句话说就是要通过两个人强烈的、紧密的关系来表现他们浓烈的爱。

4

Q：开始拍摄《Flesh Love》这个系列的契机又是什么呢？您想通过这个系列传达一种什么样的情感呢？

A：我总是从自己的前一个作品获得灵感从而创作新的作品。在发表前一部作品《Couple Jam》的时候，我就在思考，这部作品到底是哪里有趣。然后我注意到，这部作品中出现的道具——浴盆，是在每个人家中都会有的日常生活用品，所以才显得有趣。这是因为，当观看作品的人看到，情侣们挤在那个每个人都知道的小浴盆里时，能感受到一种写实感。顺着这个思路，我开始寻找有没有浴盆之外的日用品能够将情侣凝缩起来。在我找到的几件物品中，我试着用储物真空压缩袋拍了一下，效果很有趣，于是就开始正式进行试验，最终确定这个可以作为系列拍下去，这才有了《Flesh Love》系列。

5

Q：作为拍摄对象的情侣是从哪里征集来的呢？有什么条件吗？

A：我不管是工作还是出去玩的时候，寻找拍摄对象这件事可以说是无时无刻不在进行。当我的作品逐渐被媒体关注后，也会有一些希望成为拍摄对象的人主动发来邮件要求进行拍摄。有时也会在脸谱网和推特上征集拍摄对象。

6

Q：通常拍摄地点是选在什么样的地方呢？具体的拍摄过程是怎样的？在拍摄过程中有没有遇到过什么技术层面的困难？

A：因为考虑到要给人以新鲜感，所以拍摄地点选在了我家的厨房。像闪光灯一类的设备平时已经在厨房里设置好了，背景纸也分类卷好就放在角落里。拍摄的时候先让情侣进入压缩袋中，然后用吸尘器除去里面的空气，里面完全是真空状态。拍摄时间是10秒，必须在这个时间内按下快门，最多能按两次。我自己也进到里面感受过真空的状态，真的是非常恐怖。随着拍摄的次数增加，真空程度也会一次比一次强，而作为拍摄对象的情侣在这个过程中开始他们的肢体交流。

7

Q：照片中的情侣都是紧紧抱在一起，这个姿势是他们自发摆的，还是您设计的呢？这样做的意图是什么呢？

A：我首先向他们说明，我这部作品的拍摄意图就是想要拍出两个人看起来就像一个人的效果。然后在正式进入压缩袋拍摄之前，会先进行彩排。情侣会通过确认彼此身体的凹凸部位和关节的弯曲程度来找到一个能让两个人抱在一起看起来就像一个人的合适位置。而我会从俯瞰的角度向他们提供建议，位置确定下来后就正式进入袋子里进行拍摄。

8

Q：要说服情侣们这样进行拍摄是否很困难？

A：这个系列大概是我所有摄影作品里最辛苦的了。比如说，一般人想要成为摄影师的拍摄对象是为了能留住自己漂亮、帅气的一面。但《Flesh Love》这个系列中拍摄对象的身体和脸都会呈现出扭曲的姿态，所以并不能达到这个目的。所以我觉得能够成为这个系列的拍摄对象的人都是抱着单纯的想要加入到这个艺术作品中的心情而来的。真的很感谢大家！

9

Q：因为处于真空状态，拍摄对象的表情都很不自然，有一种“为了爱而窒息”的感觉。这是您想要在“Flesh Love”这个主题中所表达的吗？

A：确实，在袋子中的拍摄对象由于袋子中的空气被抽出，脸部呈现出一种扭曲的姿态。这种扭曲象征着袋子中完全没有空气，只有这对情侣存在。这是表现100%纯净的情侣和100%纯粹的爱情的一个重要的元素。

10

Q：您会跟进成为拍摄对象的情侣们在拍摄后的动向吗？

A：在拍摄结束之后，我也会和他们进行联系。通常我会通知他们我的摄影展以及摄影集的最新消息。而且有不少拍摄对象都是玩乐队或是搞舞台表演的，我有时也会接受他们的邀请去参加他们的现场活动。

《CM NOW》

舞动创意之美的广告书

王亚婕 / text
知日资料室 / picture

《CM NOW》是日本玄光社发行的一本专注于介绍日本电视广告的情报志，1982年首次作为月刊《COMMERCIAL PHOTO》的别册出版发行。《CM NOW》以涵盖超全面的广告讯息而在同类杂志中迅速脱颖而出，对于立志要从事广告行业的人来说，《CM NOW》甚至可以称得上是教科书一样的存在。每期杂志的封面都会刊登一名超人气的偶像女优，杂志中的内容也以介绍当下炙手可热的明星CM为主。

除了眼下成为热议话题的CM和最新CM，《CM NOW》也为读者详细报道相关出演者和拍摄地的一手资讯，定期会特别献上海外CM和怀旧CM特辑的美味大餐。当然，为了满足不同读者群的需要，杂志会根据当期的内容加入CM连载、CM男优等多种味道的调味料，为享用这顿CM美餐的读者带来更多新鲜满足的广告体验。

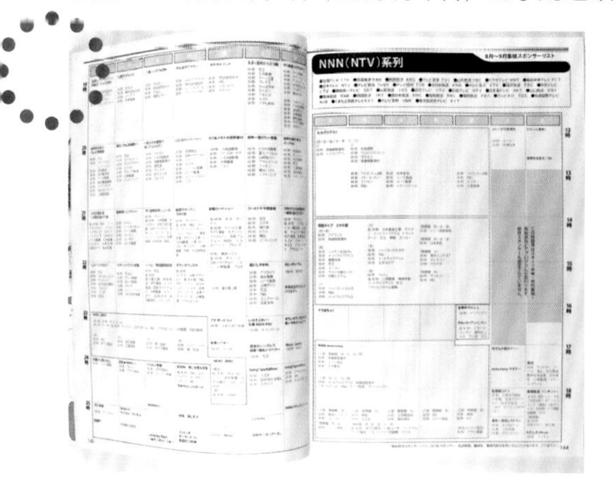

创刊初期，这本杂志多是通过拍摄CM录像画面和电视截图来丰富版面，但发展至今的《CM NOW》不仅保留这一传统，更是加入许多写真、海报、采访图片等来充实读者的视觉享受。为了给热爱广告的读者提供方便，《CM NOW》还会为读者公布CM的具体播放时间。另外，在每年的2月10日发行刊上，会公布根据读者投票选出的各类CM大奖名单，包括CM排行榜前100位广告、十大女艺人、十大男艺人、十大新人等类别的奖项。《CM NOW》还定期推出过《CM NOW BOYS》和《CM美少女》两期别册，来满足不同读者群的阅读需求，

拿在笔者手中的这期《CM NOW》是在2012年发行的9月刊，在这一期当中，首先重点介绍的是AKB48于2012年夏季为江崎格力高推出的水果糖新品拍摄的一组CM系列剧场。剧情背景设定为AKB48的广告拍摄现场突发一起杀人事件，以名侦探角色登场的原AKB48成员前田敦子，围绕案件展开了一系列调查。在这部推理题材的广告中，AKB48的所有成员都被设定为杀人事件的嫌疑犯，广告以追查出真正的杀人犯为结局，为视听者打造了一部长达3个月之久的连载CM系列剧。与此同时，江崎古利克的官网上还及时更新AKB48各成员的“证言动画”，在线推进揭示这起案件真相的蛛丝马迹。日本著名漫画杂志《周刊少年SUNDAY》上也同时推出由青山刚昌氏原作的《AKB48杀人事件》连载漫画。21名AKB成员共同登场的这部大型CM剧，为2012年的炎热夏季注入无限清凉。

当然，作为一本全面的 CM 杂志，这期《CM NOW》中的亮点绝不只这一部推理大戏，新垣结衣、能年玲奈、川口春奈、木村文乃、夏帆等当红女艺人和她们代言的最新广告拍摄信息都在书中有详细的介绍。杂志中还推出与明星 CM 一竞高低的动漫 CM 栏目，动漫 CM 凭借比写实 CM 更自由的表现手法眨眼之间吸引了众多人气。这是一个任何人都喜爱动漫的时代，日本动漫在 CM 界也逐渐占据了一席之地。动漫广告主要以与人气作品联合制作的动漫 CM、原创动漫 CM 和卡通人物角色 CM 这三大类别，逐步在广告界这一广阔的领域探求新的发展。

2010年代

FLASH BACK 2011-2019

全CM大賞の30年

平成から昭和へタイムスリップ!

CM NOW 恒例企画

此外，每一期的《CM NOW》还会介绍几位广告界的新星和无明星参与的纪实类广告。许多在广告中看不到的拍摄幕后的故事，以及与广告关键词有关的一手新闻也会在这里一一呈现。这一期的《CM NOW》正值创刊30周年整，《CM NOW》特别企划了一个专栏，介绍从20世纪80年代到今天的广告发展，很多忠实读者纷纷来信表示，他们希望能回顾过去的电视广告，《CM NOW》的这一企划正好满足了大家的需求。也许，这本以介绍广告为初衷的杂志，现如今也担当起了“一面反映着时代的镜子”这样的角色，见证着日本广告界日新月异的变化。

【专栏】虫眼蟲语

蓝色

| 毛丹青 / text

跟清水正之教授的重逢是在东京的四谷车站附近，当时是个阴天，有时有雨，但马上就能停下来的感觉。犹如跟行人开玩笑一样的天气，看上去并不像东京，因为每回到东京，但凡是我遇上的雨天，要么不下，要么就下得很大，电闪雷鸣，从来不给行人留情面，唯有跟清水教授一起的时候，天气似乎变得随和起来。

这时的天是蓝色的，而且是能看得很远的蓝色。

清水教授是我 25 年前留学日本时的指导教官，专攻德国哲学。好几回在食堂吃饭，见他跟几个德国留学生交谈，觉得诡异，因为他有一张超级标准的东方面孔，西服是蓝色的，眼睛是黑的，头发稍微有些发白，而周围的留学生全是金发碧眼，独显他引人注目的存在。

我起先留学的地点是三重大学，一个以水产研究而著称的学府，校园靠海边，一天下来的色彩比重绝对以蓝色为多，而且是天蓝色的那种。

清水教授说："今天选在四谷车站附近见你不是我的主意，而是跟我们 20 多年前到中国一起旅行的小岛康敬教授，他说他的学生一家人是开馆子的，人气很旺。"

我问："什么料理？"
"好像是秋田家乡饭，回头等小岛教授来了，他会解释的。"

说完，清水教授问我近况如何，就像一位多年未见的长者，但原貌没改，说起话的状态跟我当留学生时见他一样，头发还是稍微有些发白。

其实，说起来也怪，无论是清水教授，还是小岛教授，他们的研究生活跟中国无关，包括平时的谈吐，很多内容都是德国哲学以及小岛教授的日本史，如果没有我出现在他们的面前，也许很难找到一个接点与中国链接。这跟时隔多年的东京重逢一样，让我想不到的是小岛教授推荐大家吃秋田家乡饭。

清水教授对我有恩，刚到日本留学时我说我没钱，他说："没钱就去挣钱，有了钱，你不会发慌。" 后来，我退了学做了鱼虾买卖，一度变成了商人。这些细节往后再写。总之，清水教授告诉我的是如何面对生活，不做悬事，凡事要干得扎实，不打水漂，要当钉子。记得当时离开三重大学时，他推开研究室的窗户，指着大海跟我说："谁都说大海是蓝色的，但实际上它们都是人的心色，哪怕你闭上眼睛，什么都不看，但心上的颜色依旧是蓝色的，甚至是天蓝色的。"

如果我没记错的话，清水教授当时的研究应该是胡塞尔的《现象学》。

东京的夜晚很亮，霓虹灯发出闪烁的蓝光，与黑色的天空形成反差，大约是由于下班高峰时段，车水马龙，很多职场人行走犹如奔跑。按照我在东京经商的经验，每天到公司上班时的人群大都是规整的，西装革履，地铁的车厢内会有香气飘绕，也许是女人的香水，但也有可能是男人擦的。与此相比，每回到了夜晚，尤其是到了深夜，地铁内的味道就会被酒气覆盖，而且职场人的行走变成了螃蟹步，给人一种不安定的印象。

小岛教授讲完了课是直接赶到四谷车站的，他所在的国际基督教大学坐落于三鹰市，乘车过来需要半个钟点的样子。他见了我们就说："承蒙不弃，到这家店来，替我的学生一家谢谢了。"

话音未落，他就开始忙乎着点菜。

我坐在他的旁边，无论是听他说话的语速，还是看他麻利的动作，完全跟以前一样，仍然是一位随时都想着学生的教官。其实，这一点跟清水教授一样，当年仅仅因为我是从中国来的学生，他即刻召集了学界的伙伴，让我领队去中国旅游。小岛教授就是其中的一位，而且对他们来说，去中国是头一回。

清水教授说："记得当时中国的天是蓝色的，去洛阳看大佛的时候，完全是天蓝色的。"我知道过去的天蓝色也许已经不能再形容天空了，不说别的，光看北京眼下的雾霾就会明白。

这时，店内的食客多起来了，小岛教授的学生向我们鞠躬，十分恭敬的样子，就像她的学业还在继续一样。小岛教授说："她毕业好多年了，每回见她鞠躬就想起刚入学的时候，学生的样子很难改过来。"

学生有点儿不好意思的样子，跟绝大多数日本女孩儿一样，笑起来总是用手捂住嘴巴，笑眯眯的眼睛是亮的，乃至柳叶眉的形状都被冲淡了。我仔细看上去，这才发现她的瞳孔是蓝色的，无疑，这也是当今日本女孩流行的美丽彩瞳的一种。

小岛教授继续为我们介绍，他说这家人过去从秋田县来，专门做一种乡土火锅，把糯米串到木条上，然后围着火锅插在周边的炭灰里，锅底料是炖了很久的老鸡汤，另外还有牛蒡、蘑菇、大葱和魔芋，一边吃火锅，一边拿糯米条沾着锅里的汤吃，很有一种烩饭的感觉。

清水教授说："中国古人把魔芋叫作妖芋，分炒、炖、酱、卤、蒸和焖几种做法，烹饪的方法基本全占了。" 我问他："这些是从哪儿知道的？"

他笑了笑，有点儿神秘地说："在德国的时候知道的，因为老去中餐馆，店老板做魔芋的手艺高超，德国人都爱吃。"

听他这么说，想起有谁曾经告诉过我，住陆地与山地的人对魔芋情有独钟，反倒是靠海的人未必如此热衷。秋田县一面是日本海的沿岸，而另一面全是山地，其中奥羽山脉比较出名。

其实，跟日本教授吃饭经常会让思绪乱飞，也许是因为话题从细节而来，另一个也是因为彼此知根知底。这一状态自打我本人当了日本的大学教授之后更是如此。在北京上中学时读过鲁迅写给藤野先生的信，当时应该是国内的必修教材，第一印象就是师徒气派，比如信的一开头是这样的：“20 多年的时间，并没有拂去您在我心中的印象，反而是更加清晰和高大了。”

同样的话如果拿到今天给我，也同样写给我 20 多年的日本老师，恐怕很难等同。比如，清水教授是我初到日本的第一位老师，但从一开始就没什么厚重的师徒气派，反而更像伙伴一样。这话是清水教授自己说的，他一边喝清酒，一边继续说：“那个时候的大学环境多好呀，研究室可以贮存酒，跟你们学生讨论问题讨论累了，干脆喝上几杯，再继续讨论下去，就像汽车没了油必须加油才能前行一样。”他说到这儿，停顿了片刻，接下来说，“可现在的日本社会越变越无趣，学生不愿讨论，连汽车都不想要，汽油为何物都快不知道了，让老师如何是好呢？”

清水教授的耳朵有点儿背，一直戴着微型助听器，浅褐色的，跟亚洲人的皮肤一样，不仔细看完全看不出来。小岛教授也同样点头，他抱怨现在的日本学生越来越宅，不善于社交，上课不往前坐，宁可坐到教室的角落里，据说那么坐，心里踏实。

日语里有个外来语，词源是“BLUE”，即蓝色的。在很多情况下，形容一个人心情郁闷时，常用“BLUE”，连发音都是模仿出来的。于是，我跟两位教授说：“是不是可以用 BLUE 来描述现在的日本学生呢？”

清水教授说：“说他们 BLUE，也不算准确，只是脸上的阳光太少，缺乏活力而已，这可能是一时的现象吧。”小岛教授说：“‘I feel blue！’是英文的说法，日本人拾来方便，随手就用起来了。”

话说到这儿，也许仅仅是原地打了个转儿，因为所谓的“拿来主义”早在鲁迅时代就已经是个很大的话题了。

秋田家乡饭和火锅让店内的温度急剧上升，窗外霓虹灯的蓝光似乎已被减弱，对我来说，也许是温度与亮度相互作用之故，就像听日本教授谈一个文化现象时，我的所想也许早已脱离了同一现象，反而从异域的立场开始思考。

我跟清水教授说：“最近开始为《知日》写大型连载，很想用色彩贯穿下来，每一个色彩表达一段经历或者是几个经历，目的是为了了解日本人，从日常的现场出发，描写周边的情景与人物。”

“今天你想写的是什么颜色呢？”清水教授跟过去一样，捕捉学生的好奇总是从提问开始。我回答：“蓝色。”

他听后，几乎没想什么，直接跟我说：“我小的时候一直着迷于蓝月，觉得月亮发蓝光是最漂亮的，有时仰头往天上盯着看，看个没完。长大后，学完了学业，进入了社会，然后就开始在意‘蓝色申报’了，这个你不在意都不行。”听罢，小岛教授大笑起来，连声说这个说法非常日本。

的确，清水教授所说的蓝月，也是很多人从小就想看到的，因为世上有人说过“见到蓝月，人会幸福”，不过，他接下来所说的蓝色申报却完完全全是日本式的了。

所谓蓝色申报，说的是日本人每年到税务局申报税金的申报单，之所以叫它蓝色申报，仅仅是因为申报单确实是蓝色的，仅此而已。除了蓝色之外，还有白色申报单，看上去的格式比较简单。相比之下，“蓝色申报”比较复杂，其中包括退税、免除等一大堆申报项目，每年初春一到税务申报的季节，各地税务局都会有人排队，有的人一边站队，一边填写蓝色申报，十分阳光的感觉。

其实，日本的“税务”，听起来复杂，但原则上是国家先征收你的税钱，然后年底施行一揽子的“调整”，再把多拿的钱退给你。日语形容这个做法的字眼很动听，称之为“还付”，有一种欠了你的非要毕恭毕敬地还到你手上不可的语气。中文说这个意思就是“退税”，但听上去，不那么动听，好像爱答不理的样子，反正把钱退到你手心上就得活！

日本人不乏机灵点子，据说一开始制定税收的时候，政客就主张“先收后退”，这么做纳税人也愿意，因为大家的蓝色申报不是为了交钱，而是为了拿还付，按常理说，拿钱人比交钱人要踊跃得多。

清水教授说：“据说，用蓝笔记笔记容易记住。”小岛教授继续在一旁笑，同时也不时地点头。话题说到了这儿，我不由得想起了自己的蓝色申报的经历，于是跟两位教授说了起来。

最近一回去附近的税务局，大厅排满了人，其中一位戴斗笠的和尚拿了一个布包裹站在我的后面，不吭声，站立如松。年轻的税官见他跟见了熟人一样，相互笑笑。我跟往年一样提交了“蓝色申报”，站在我后面的和尚动作麻利，几个手势一边比划，一边跟税官解释，同时从包裹里拿出一堆申报表，看上去写得十分工整，很快就办完了。等我走到停车场的时候，和尚也正好出来，大概是由于一直站在我后面的缘故，他看我回头看他，就跟我点了下头，也许算是一个礼节性的招呼吧。

于是，我脱口而出：“您为什么拿这么多的申报表呀？”

这么问他，无疑是我一上午的好奇，不过，和尚非常和蔼，他就像熟人一样跟我解释说：“这些都是故人的申报单，都是老年人，是去年的死者。但可怜的是家里无人照顾，所以被邻居送到了我的寺院，该退给他们的税钱应该继续退。用这些钱为故人建墓碑是一件积德的好事呀！”

“每年都有很多故人吗？”我继续问和尚，但已经不是为了好奇。

“有的年头多，有的年头少，再者，因为几年前我就为大家申报，后来知道的人都推荐到我这里，于是就这样，变得每年都要到税务局来替故人申报。”和尚说他自己习惯了，而且每天都很忙，要先走一步。于是，我看他把斗笠摘下，换上了摩托车的头盔，然后身轻如燕，骑上摩托车后一溜烟儿就消失在了午后的街景之中。我记得当天是蓝天，这个是不会错的。

我跟两位教授的聚餐到了后来近乎变成了痛饮，尤其是当我说到和尚与故人时，他们合掌了，而且是不约而同地，口诵：“南无阿弥陀佛。”

日本人称蓝色为“青”，发音“あお”，吴音“ショウ”，汉音“セイ”，唐音“チン”。作为名词有三层意思：第一层意思是清澄的天空，五色之一，可视光线波长在 470nm 左右；第二层意思是新绿，专指草木嫩绿发青的状态；第三层意思是未成熟与不可知。上述出典摘编自《广辞苑》等大型辞典，有例为证。

施小炜专栏

堀田善卫与复旦大学

施小炜 / text

青年堀田善卫的经历，如今回头看来不无带着传奇色彩。这位日本私立名校庆应义塾大学法文系的高材生年轻时热衷于写诗、评诗，并且小有诗名。然而爱诗的青年往往拙于谋生，这不妨说简直成了古今中外千载不易之真理——毕业等于失业的堀田君终于还是得远涉重洋跑到上海来觅口饭吃，时在 1945 年 3 月 24 日，堀田君 27 岁。不过其时的上海乃至于大半个中国已经几乎遍地都是堀田君不请自来的同胞们了，而其中犹以身穿军服、足蹬军靴、头戴钢盔、手执杀人兵器者居多。当然，堀田君手上握着的仍旧是一支秃笔，而且他只身前来上海，其实心底是暗藏了一个秘密的：即以上海为跳板，窥伺时机去向往已久的欧洲游学一番。然而在这个战火纷飞的地球上，在那个风雨飘摇的时代里，他的梦想注定只能是可望而不可即的画中之饼、望中之梅罢了。果然，堀田君最终未能去成欧洲，却于五个月后在上海迎来了其祖国“大日本帝国”的无条件降服，他的那些军人同胞们都乖乖地缴械投降做了俘虏，而他则作为平民幸免地逃过了被送进战俘营的噩运，而且还被国民党政权收编留用，隶属其宣传部，在广播电台里担任对日广播，一直干到 1946 年 12 月 28 日被遣返归国。冷眼望去，这前前后后约 1 年零 9 个月的上海生活，说短故也不能算短，可说长却也算不上很长，不过揣度故国投降后堀田君的心境，想必如同法国人所说的那样吧：long comme un jour sans pain（长得就像没有面包的日子）——也许对于日本人来说，该说是 long comme un jour sans Misoshiru，“长得就像没有味噌汤的日子”，也说不定。然而，这么一段体验似乎却给堀田善卫其后的人生带来了不可估量的影响，他自己对此是如此表述的：“一年九个月左右在上海的生活，带给了我战后的人生某种决定性的东西。”【筑摩丛书 157《上海日记》（『上海にて』）P3】不妨说，在上海、在中国的这段为时不长不短然而内涵丰腴的异色经历，与其他要素一道，构成了日后小说家堀田善卫的基线之一。

除了对日宣传外，堀田君有时还被派遣去各家大学为中国青年们讲解日本形势。某一日，他受命前往复旦大学演讲，于是便成就了堀田与复旦学子的第一次邂逅。他知道，复旦大学原先是位于北京路上的，不过其时却已经迁至“北郊”去了——想必就是如今江湾五角场的现址吧。其笔下对于当年复旦的描述，令人读后颇难忘怀。姑且译上一节以飨读者，尽管不无偏长之嫌。

“1946 年的夏末至秋天，我不时地被拉去参加大学生的集会。然而我从来也不曾像那一次那样，体验过那般激烈的场面。校舍和宿舍——不，那究竟是什么大学，我连当时对此都不甚了了。原因就在于那所大学，跋涉万水千山，历尽万苦千辛，有时乘车有时徒步，从上海转移至内地，如今又从内地迁回到上海；再不就是从军队复员甚或逃亡而来的、形形色色的大学的学生或是教授们，亦即用中国话来说就是形同乞丐般的‘流亡学生’‘流亡教授’们的杂乱无章的集会场所。我心想：这下可好，跑到个了不得的地方来了。究竟是那建筑原先本是大学却被日军接收使用了呢，抑或是将原来日军的兵舍改而用做了集会场所，对此我不得而知。走廊里到处张贴着‘下士官室’之类的标牌，以及残破的‘米英击灭’（按此日文标语意即击灭英美。——炜按）之类的标语。窗户玻璃几乎悉数破裂，真真是一派荒凉景象。而且，窗外的运动场上，或者说是旧日曾经是练兵场的地方，一望无际地堆满了旧日本军（按此系现今日本对其1945年以前的旧军队即‘皇军’的正式称谓，大约是为了区别于现在的‘自卫队’吧。——炜按）的弹药，炮弹、炸弹、子弹箱子，听任日晒雨淋。听说这些日军弹药总有十几万二十万，足足够用上三年。他们便是住在这种危险至极的地方。而且，就在稍稍离开一些的去处，停放着好几百辆军用卡车，那是美国人送给国民党用来打内战的。那些一望无边的军用十轮卡车的行列，委实是气势逼人，充满凄厉的感觉。从内陆深处归来的流亡学生和流亡教授们，便是置身于这些日军的弹药和美国的军用卡车包围之中的。在如此一种环境之中，这些学生和教授们对于中国的未来在思考些什么呢？”（同前，P51，52）

校舍校园如此，那么学生们的情形又如何呢？且再译上一节，看看堀田氏是怎样描述的。

“那么大学生们呢，首先其服装委实是糟糕透顶。身穿中式衣服的也罢，身着军服似的东西的也罢，几乎千人一面，都与‘褴褛’这两个汉字完全吻合一致无二；骨瘦如柴面如土色，喉结突出，给人以深刻的印象。这与领我前去的宣传部官员那油光满面的扁平脸、崭新潇洒的华达呢西装形成鲜明的对比。唯有他们那一双双的眼睛炯炯闪亮，其情形比起从内陆桂林等地遣返回来的、营养失调的日军士兵来还更为可怕。人人在我看来似乎都已年逾三旬，而实际上却都还是二十多岁的青年。他们就住在这有窗户而无玻璃、为炮弹所重重包围的校舍里。因而，我被拉去的那个地方充溢着一种逼人的、凄烈的东西，那原也并非什么不可思议的事情。可当时只不过二十八岁的我，却陡然地感觉到了恐惧。在用作会场的教室里，横七竖八地贴满了‘反对饥饿、反对内战、反对迫害、反剿民、反屠杀、要活命、要生存、要读书、为死者报仇、为生者谋活命，争取最基本的读书权和生存权’（以上标语内容均为原文照抄，非引者自译。——炜按）等等，句句都是让我们一读之下便要脸色骤变、不寒而栗的标语。”（同前，P54）

虽然肉体因为营养的缺乏而显得羸弱，然而学生们的思想却锋利而深邃，意志坚定且柔韧，而爱国热情的旺盛则更是令人钦佩不已。在他们提出的质疑之中，有两个事过多年之后堀田氏还铭记不忘的问题，一个是“你们日本的知识人打算拿天皇那个玩意儿怎么办？”，另一个是“据说日本共产党把占领军规定为解放军，然而我们认为，尽管倡言民主化，可来自资本主义国家的军队终究是不会支持人民解放事业的。尊意以为如何？”。而在思想上远远准备不足的堀田君张口结舌无以作答，也当是在情理之中了。

这，就是当年的我的母校，就是昔日的我的学长们。

2013年4月1日于杉达苑安得堂

告诉我吧！日语老师

•

【終わったっても＼(^o^)／】即使结束了也要＼(^o^)／

刘联恢 / text

無限に広がる友達語

※无限扩充的朋友分类

不知道为什么，以前人们的生活好像没有现在这么精细：不管是工作或是家庭，既没有分门别类的各种专业，也没有五花八门的兴趣爱好。但是随着经济水平越来越高，社会上对各种事物的分类也越来越详细，“朋友”这个词的细化分类也就应运而生了。不再简单地以"友達"一言蔽之，而是根据“朋友”的不同性质冠以不同称呼。这些词都包含最基本的“友”或者“ダチ”作为意义的标志。下面就来看看这些不同的“朋友”吧：

ネッ友 这个词比较直观，意思是仅限于网络※ネット上的朋友，也就是网友。网上的活动丰富多彩，结识网友的方式也多种多样。尤其现在，脸谱网和推特给大家提供了很多方便的机会。

リア友 流行语中有一个词叫做“リア充”，意思是充实的现实生活。当然这说的是网络以外的生活，虽然很多使用“リア友”的例子都不过是指现实生活中有了恋人。

カラ友 现在看来，这个词已经不算新了，因为中学生一起去唱卡拉OK早就不是什么新鲜事。不过专门为了唱K而在一起的朋友，不唱歌的时候难道就完全没有交流吗？

タリ友 这个分类未免有些太细化，“タリ”来源于“語り合う”，含义是对于有共同感受的话题谈得来的朋友。说到这儿忍不住吐槽一句，难道日本人不是对方说什么都频频点头，一副恍然大悟的样子吗？那岂不是大家都成“タリ友”了？

チャリ友 虽然跟上一个词发音相似，不过这里的“チャリ”说的是自行车。日语中把自行车俗称为“チャリンコ”，据说是模拟自行车铃声的发音而来。日本骑车上学的学生不少，一边骑车一边聊天的当然就是“チャリ友”了。

バイ友 看到这个词千万不要理解成骑“オートバイ”※摩托车的朋友，这个“バイ”是“バイト”的省略，就是打工。很早就出来自己赚零花钱的日本少年（少女）们，在打工的地方认识了朋友就称呼为“バイ友”。

ブカ友 这个词能联想到什么呢？对了，“部活”※ぶかつ。对课余活动十分丰富的日本学生来说，参加同一个社团就会成为“ブカ友”。

放友 有时候看日文的“汉语词”很需要天马行空的想象力，比如说这个“放友”的“放”，到底是放什么呢？还好上边的“ブカ友”提醒了我，就是“放課後”的“放”了。下了课一起玩儿的朋友被称为“放友”，这样的关系也要特意造一个词出来，说明朋友的关系很值得重视吧。

モバ友 “モバ”是“モバイル”※mobile的省略。这个词用来标记移动社交网站梦宝谷上的网友，虽然一样是网友，但是这个网站的用户有特别的称呼。

類友 日语里有一个俗语，叫作“類は友を呼ぶ”，就是物以类聚的意思。“類友”虽然并不是这个俗语的略称，不过也是指有同种兴趣爱好的朋友。

ログ友 是指通过“ログ”也就是“ブログ”※blog联系在一起的朋友。日语词的省略很难抓到规律，有时省略第一个音节，有时又省略最后一个音节，省略的原则可能在于发音方便好记。

シャベ友　“说话”在日语里有很多相对应的动词，比较口语化的一个词是“しゃべる”。喜欢喋喋不休的人被称为“おしゃべり”，正好这个词的汉字也写作“喋る”。“シャベ友”不是爱聊天的遇上了爱侃大山的，而仅仅是指曾经交谈过的人。这在汉语里连熟人都算不上，可是日语里也被叫作“友”，标准还真不高。

幻　友　指的是只有自己单方面觉得是朋友的人，这个“幻”字怎么看怎么有种悲凉的意思在里面。既是幻想之意，又包含有虚幻不真实的语感。不过令人好奇的是，这个词到底由谁说出来。

上边这么多例子，感觉都不是很亲近的朋友，要么就是“狐朋狗友”，要么就是“酒肉朋友”。那真正的好朋友当然也需要特别的分类。比如说“ただ友”——

ただ友　虽然目前“ただ”还没有对应的汉字，不过似乎应该写作“忠”。因为这位朋友是金钱买不来的，不但关系亲密，而且不离不弃，确实当得起一个“忠”字。

談　友　望文生义的话这个词会让人误会，似乎跟“シャベ友”是同样的含义。这里的“談”是“相談”，译成汉语是商量、咨询的意思。进一步说，这是能把自己关于人生的烦恼倾诉给对方的关系，所以是非常亲近和依赖的朋友。

頼　友　这就是关键时刻可以依靠的肩膀。有了这样的朋友，什么事都不用担心，朋友会大力相助，帮你搞定的。

看过以上那么多的“とも”，下面看看少数几个用“ダチ”的词。

朝ダチ　这个词属于比较低龄的小朋友们。[illegible]，早上一起手拉手去上学，所以叫作“朝ダチ”。

仮ダチ　这个词解释起来比较麻烦，因为很难理解没什么利害关系冲突的年轻人为什么也会有这样的情况。“仮”在日语中表示暂时的、非正式的。“仮ダチ”的意思就是，在某个时期因为没办法而必须暂时搞好关系的朋友，听起来很像是利用……

深ダチ　字如其意，就是无论什么时候都能挺身而、出拔刀相助的铁哥们儿。因为互相之间有着深厚的友谊，所以直白地叫作“深ダチ”。

少年时代和学校生活是创建友谊的最佳时期和环境，所以有了这么多和朋友有关的词。其实并不是友谊细分到了这个程度，而是年轻时的我们有五光十色的友情。年纪越大，圈子越窄，反而没有这么多花样了。

【がち】

严格来说这不是一个单独的词，有点儿类似于大家熟知的“まじ”，接在其他动词或者形容词前边，表示“真正地道”“认真”一类的意思。比如“あの子、ガチ（で）かわいいよ”※那姑娘真正点啊。

究其本源，这个词来自于相扑和摔跤的比赛用语，表示绝无掺假成分，完全认真参与。之所以有这样的意思，是因为从前在相扑比赛中，力士们拿出十成的力气进行比赛，发出的声音用“ガチン”来表现。所以相扑界开始以这个词作为隐语来形容全心投入比赛，后来经过省略变成了“ガチ”。

这个词转移到日语口语中，就变成表示程度高的副词了。如果要强调什么，就把它放在前面。口语中这样用来强调语气的词不少，根据表达程度由弱渐强的顺序可以排列成：“本気”——“まじ”——“ガチ”——“神”。带入到上边说的朋友的词里，“ガチ友”就指那种即使会吵架，彼此也依然肝胆相照的好朋友。而“ガチオタ”是“ガチ”和“お宅”的合体，指那种比较彻底的御宅族。跟“にわかオタ”※“にわか”意为“速成”，“にわかオタ”就是听说什么流行之后，网上搜索一番恶补了大概的知识，然后自称为粉丝的人成为对照。

现在更有了“ガチる”这个动词，表示拿出认真劲儿拼命去做的意思，比如“そろそろ受験勉強ガチる”※差不多该玩儿命考试了。

神

这个词放在名词动词前面的情况已经不少见了，甚至被引入了汉语。事实上我很怀疑我们年少时特别喜欢说的“○○是个神人”的“神”也是这个用法。不过仔细一想，汉语里的这个“神”可并不完全是夸奖啊。

日语的“神”当然是正面意思，特指那些在年轻人所热爱的领域，例如体育、艺术、游戏等方面显示出超凡水平，令普通人难以望其项背的教主级人物。我们现在一般会用“大神”这个词来形容他们。当然，他们展示出的神乎其神的技艺水准也用“神”来描述。例如“彼のボールさばきは神だ”※ 他的棒球应对处理简直神了。

“神”出现在各种各样的词前面。例如，再次说到表达“朋友”意思的词语群，里面果然有“神友”的说法，意思是对自己来说简直像神一样存在的朋友；是真正可以信赖，可以对他倾诉任何事情的朋友，即使是在好朋友里面也要排在最高级。除了这个在网络上流行的用法之外，“神友”也是同一宗教信仰的人们互相之间的称呼，这就进入宗教领域了。

以“神”引领的词语越来越多，比如神ゲー，是指那些地位超凡入圣的游戏，神曲（或念作しんきょく），怎么也得是《○○你不懂爱》级别的；神アニメ，估计粉丝们各有心水的作品；而“神人物”——神キャラ，大家的标准也各不相同吧。音乐家有神演奏，演员有神芝居……像“ガチ”同类词那样按照程度来排个顺序的话，也有一个系列：“超”——“バリ”——“鬼”——“神”。“神”稳稳占据了最高级别。说句题外话，就连中国的网络上，现在也到处可见“神贴”“神吐槽”“神回复”的字眼。

在日本，网络上常常把“神”字拆开，写作“ネ申”。也用字母词语“KTM”——神が天から舞い降りた——来表达原本令人绝望的困难突然之间被克服的惊喜，也就是“神降臨”。例如“あの試合に勝つとは，まさに神降臨だ”※ 要想赢得那场比赛，简直是神降临。

感情労働

素来只听说过“肉体労働”※ 体力劳动、“頭脳労働”※ 脑力劳动，如今又添了一个新词叫做“感情労働”※ 感情劳动。虽然感情也是大脑的活动，但是为了跟需要智商的脑力劳动相区别，感情被特意拿出来单讲。现在的社会分工越来越细，有些工作跨越的领域比较广，没法单以体力和脑力区分开。例如在学校的老师，毫无争议应该是脑力劳动者，但是有时候一堂大课讲下来也得感叹一句：“这是体力活儿啊——杠杠地。”所以另外有一个感情劳动也无可厚非。我们现在说的情商，就是感情劳动所不可或缺的。

说了这么多，需要高情商的感情劳动究竟是什么样的呢？一般来说，那些专门与人打交道，需要高度控制自己的喜怒哀乐等各种感情表达的工作，基本上都可以划入这一类。这个词出现得很早，而且并非起源于日语，英语中也有“emotional labour”这样的表达。现在这个词之所以又作为新词重新出现，主要是因为现代社会对感情劳动的需求越来越大，销售员、售后服务等都属于需要高度控制情绪的工作。

当然，这个范畴的工作最终会上升到医学的高度，就不是单靠情商能够解决的问题了，还必须辅助以特别的治疗手段。面对有心理疾患的儿童或成年人，需要的是专业治疗师及其助理人员。越来越受关注的自闭症儿童，以及越来越多的抑郁症患者，就需要大量专业的“感情劳动者”来帮助治疗。人的情绪和心理问题也日益受到社会的广泛重视。

決まった感

当然是来自于“決まった”这个词。对于谨慎的日本人来说，“決まった”不仅是作决定的意思，还包含经历了重重坎坷之后的解放感。需要“決まった”的大多是人生中的大事，比如找工作、结婚、孩子上幼儿园之类（最后这个好像乱入了）。因此我们时时能听到“就職決まった”“結婚決まった”“仕事決まった”等等说法，无不是感觉终于定下来、松了一口气的语气。

同样，当一件事的决定困扰你很久，摇摆不定到最后终于确定了心意时，也可以大喊一声“よしきまった！”来纾解郁闷之情。这样看来，这个“決まった感”肯定是一种幸福的感觉了。

所以，沉浸在这种爽快的感觉中也是理所当然的。于是这个词就被用来专指一个人沉浸在困难解决后的晴朗氛围里，细细品味幸福的动作和神情。当然了，沉浸得太久还是很不好意思的，难免有点得意过头的倾向……不过得意一下也是应该的。

在此特别呼唤一下我久违的“決まった感”——重新降临吧！

終わった

和汉语一样，这个表面意义为“结束”的词，其实并没有“结束”那么简单。从语感上来看，它包含着些许绝望的语气，通常用来描述一种进退维谷、前途极其渺茫的倒霉状态。要是小学生的话，也许就是哆啦 A 梦的小主人大雄玩儿了一天，到睡前才发现作业完全没有做的那种心情——“宿題が手付ずだ。終わった”；可要是换了成年的“社会人”，这就意味的人生的大失败了——“人生が終わったな”。

按理说，这样灰暗的心情怎么也得表现得垂头丧气一点儿，可是网络上的“オワタ”※ 网络用语表现形式，省略了促音，用表情符号写出来却是欢乐的“＼ (^o^) ／”。所以就连日本人也忍不住上雅虎日本的“智慧袋”去问：“人生＼ (^o^) ／オワタ、この顔文字って何でたのしそうな顔なんですか？”※ 人生终结了，为什么选这么个欢乐的表情符号啊？回答是：“因为受的打击太大，绝望到顶，所以反而笑出来了。”

“決まった”跟“おわった”是两种截然不同的心情。人生当然还是一连串的“決まった”比较享受，偶尔一两次“＼ (^o^) ／”也不要灰心，要用欢乐的态度去面对哦。

《知日》零售名录

网站

当当
京东
中信出版社淘宝旗舰店

北京

西单图书大厦
王府井书店
中关村图书大厦
亚运村图书大厦
三联书店
字里行间书店
Page one 书店
万圣书园
库布里克书店
时尚廊书店
单向街书店
7-11 便利店

上海

上海书城福州路店
上海书城五角场店
上海书城东方店
上海书城长宁店
上海新华连锁书店港汇店
季风书店陕西路店
「物心」K11 店 / 新天地店

广州

广州购书中心
新华书店北京路店
广东学而优书店
广州方所书店
广东联合书店

深圳

深圳中心书城
深圳罗湖书城
深圳南山书城

南京

南京市新华书店
凤凰国际书城
南京大众书局
南京先锋书店

天津

天津图书大厦

西安

陕西嘉汇汉唐书城
西安市新华书店
陕西万邦图书城

杭州

博库书城
杭州庆春路购书中心
库布里克书店

郑州

郑州市新华书店
生活 . 读书 . 新知三联书店郑州分销店
郑州市图书城五环书店
郑州市英典文化书社

山东

青岛书城
济南泉城新华书店

山西

山西尔雅书店
山西新华现代连锁有限公司图书大厦

湖北

武汉光谷书城
文华书城汉街店

湖南

长沙弘道书店

安徽

安徽图书城

福建

福州安泰书城
厦门外图书城

广西

南宁书城新华大厦
南宁新华书店五象书城

云贵川

贵州西西弗书店
重庆西西弗书店
成都西西弗书店
文轩成都购书中心
文轩西南书城
重庆书城
新华文轩网络书店
重庆精典书店
云南新华大厦
云南昆明书城
云南昆明新知图书百汇店

东北地区

新华书店北方图书城有限公司
辽宁大连新华书店
辽宁沈阳新华书店
辽宁鞍山新华书店
吉林长春联合图书城有限公司
吉林长春学人文化传播有限责任公司
吉林长春新华书店
黑龙江新华书城
黑龙江哈尔滨学府书店
黑龙江哈尔滨中央书店

西北地区

甘肃兰州新华书店西北书城
甘肃兰州纸中城邦书城
宁夏银川市新华书店
青海西宁三田书城
新疆乌鲁木齐新华书店
新疆新华书店国际图书城

机场书店

北京首都国际机场 T3 航站楼中信书店
杭州萧山国际机场中信书店
福州长乐国际机场中信书店
西安咸阳国际机场 T1 航站楼中信书店
福建厦门高崎国际机场中信书店